雨をとらえるレーダ

大楠山レーダ雨量計

神奈川県三浦半島の大楠山山頂にあり、関東地方の南部から広く太平洋上までカバーしている。レドームの直径は 7.5m。

静岡 X バンド MP レーダ

静岡河川事務所の構内にある。レドームの直径は 4.5 m。

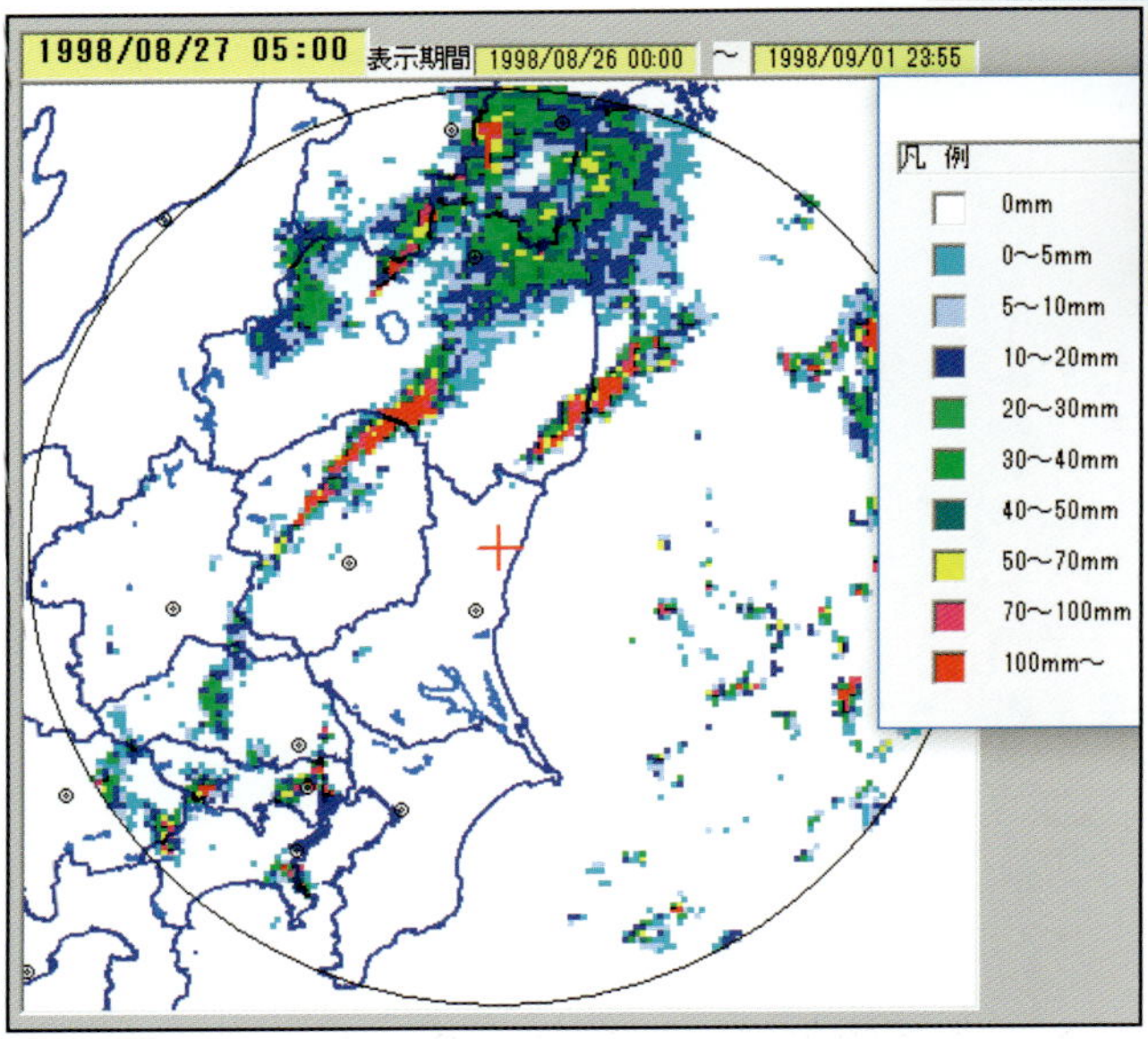

高鈴山レーダがとらえた 1998 年 8 月の栃木・福島豪雨

当時はまだよく知られていなかった「線状降水帯」の豪雨をよくとらえていた。本文 1.3 参照。

2015年9月　鬼怒川が氾濫した豪雨

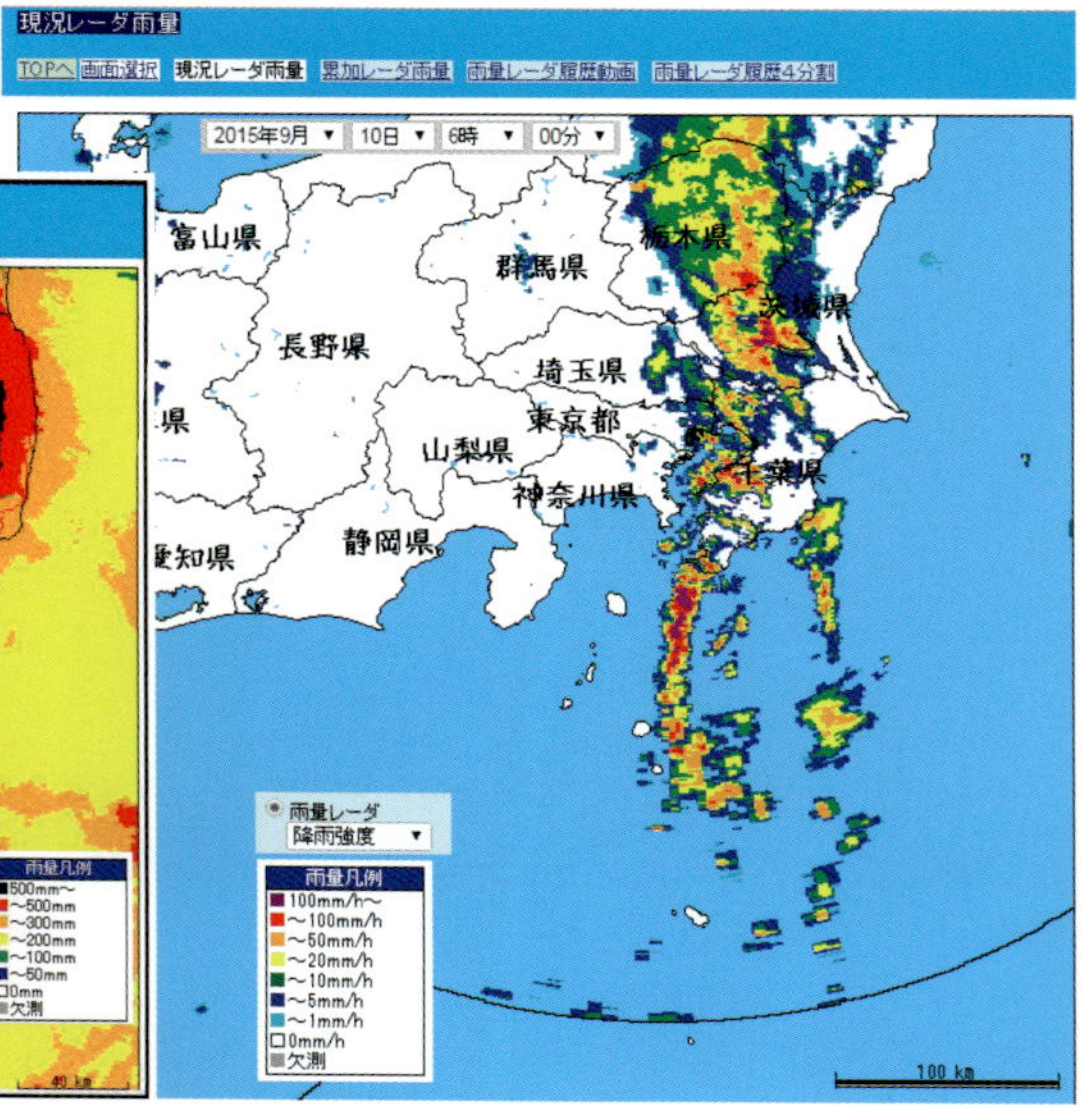

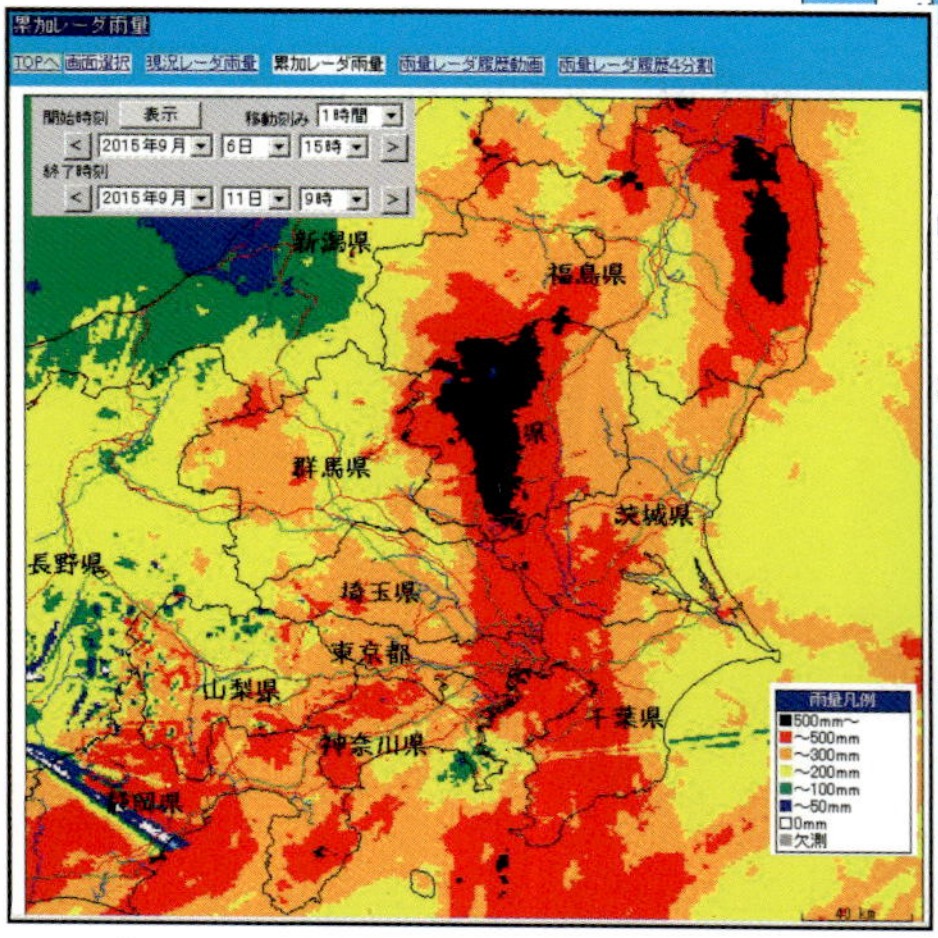

レーダ雨量計観測値の累加

鬼怒川の上流に降った大量の雨が下流での氾濫をもたらした。

広域の降雨状況

大楠山レーダ雨量計による洋上の観測状況を入れて合成すると、鬼怒川上流部の豪雨は広域の現象の一環として生じたものだとわかる。

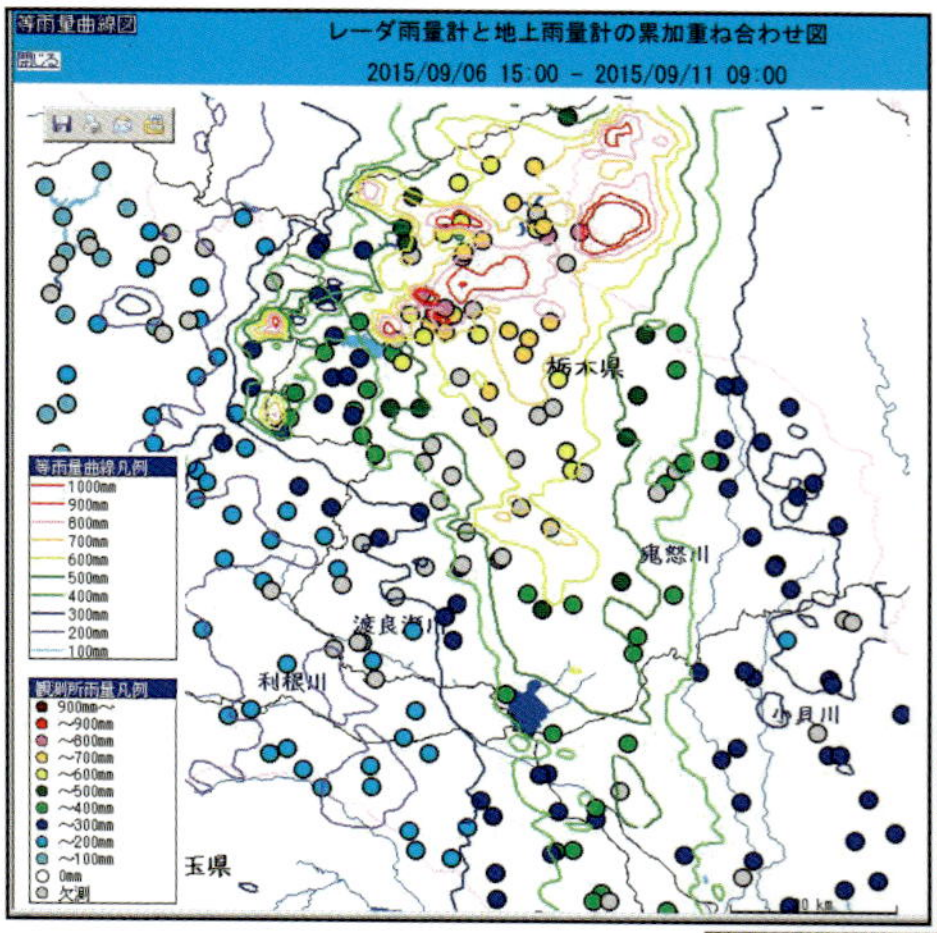

等雨量線図

レーダ雨量計による等雨量線図と地上雨量計の値を重ね合わせた。鬼怒川上流にはかなりの数の地上雨量計があるが、その網から漏れた所にも多量の雨が降っている。

応急盛土をした常総市若宮戸地先

豪雨時のレーダ雨量計画像
―2003 年 7 月御笠川が氾濫した福岡地方豪雨―

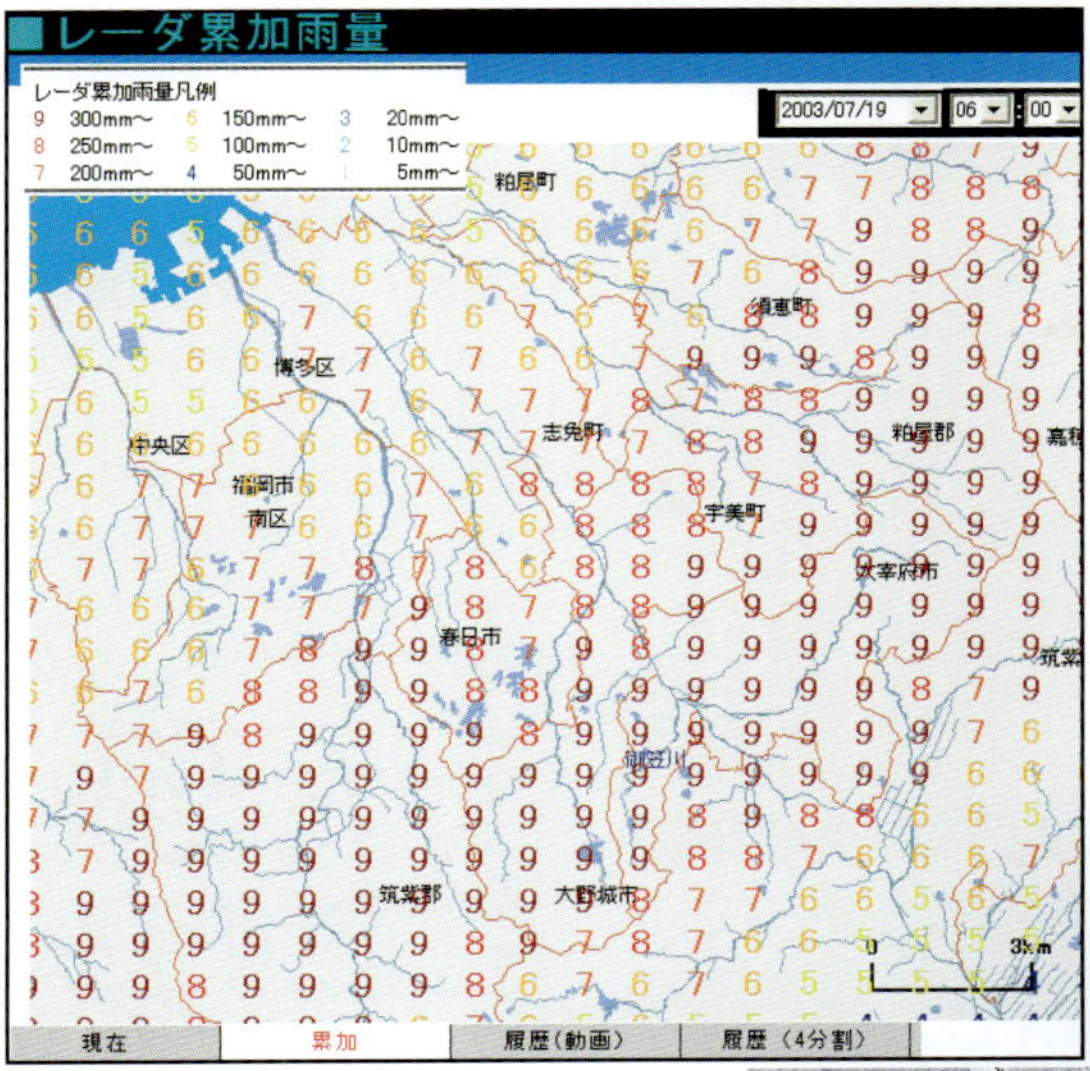

レーダ雨量計累加雨量
降りはじめから７月１９日午前６時までの間に、御笠川の上流太宰府市・大野城市に 300 mm 以上の豪雨が降った。この時も雨域は帯状に延びていた。

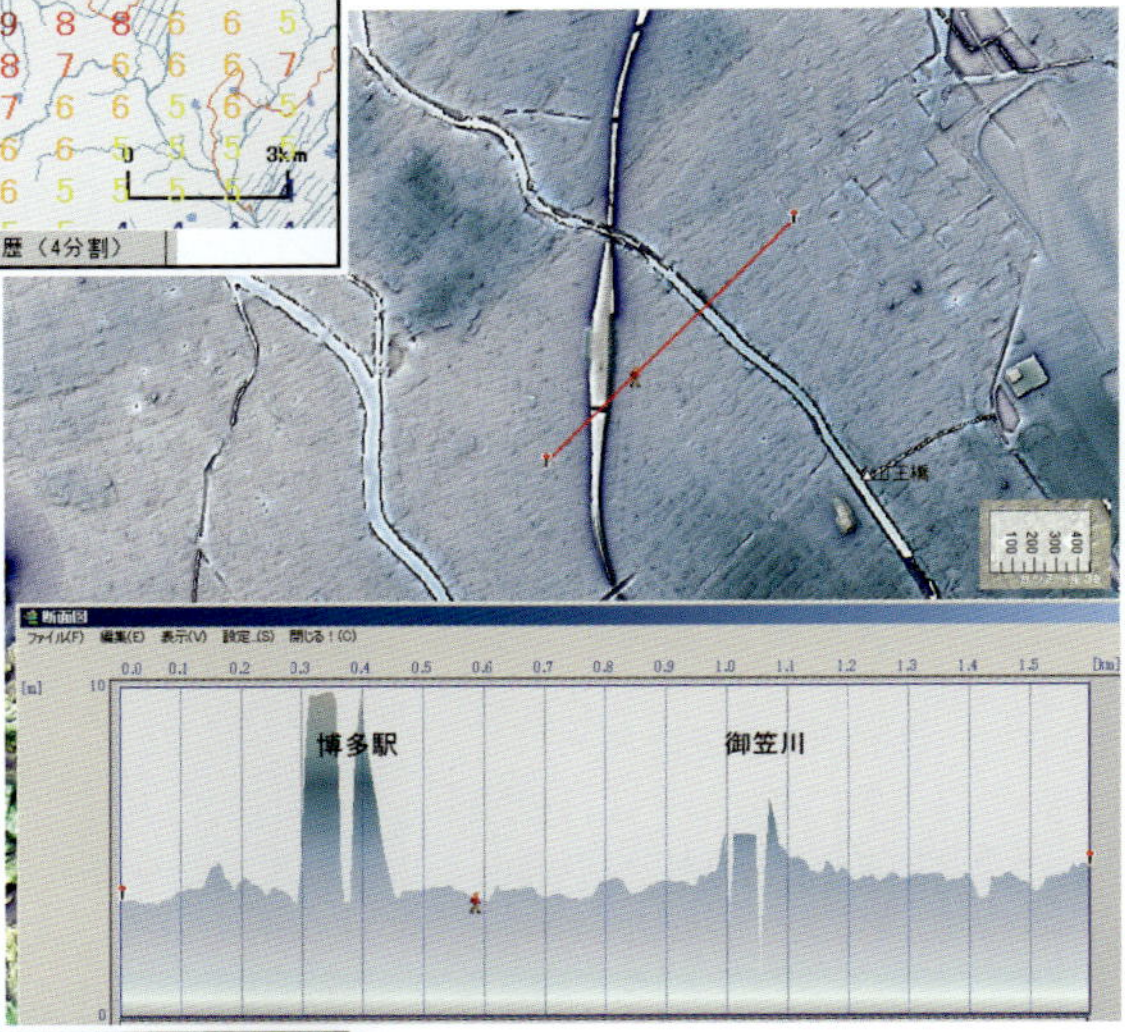

御笠川沿川横断図
御笠川の沿川は、1963 年に博多駅が移転する頃まで水田が残っていた。国土地理院の基盤地図情報 (標高) をカシミール 3D で表示、作図した。

博多駅方向に氾濫する御笠川
近隣の人が撮影したビデオから

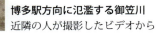

2017年7月九州北部豪雨

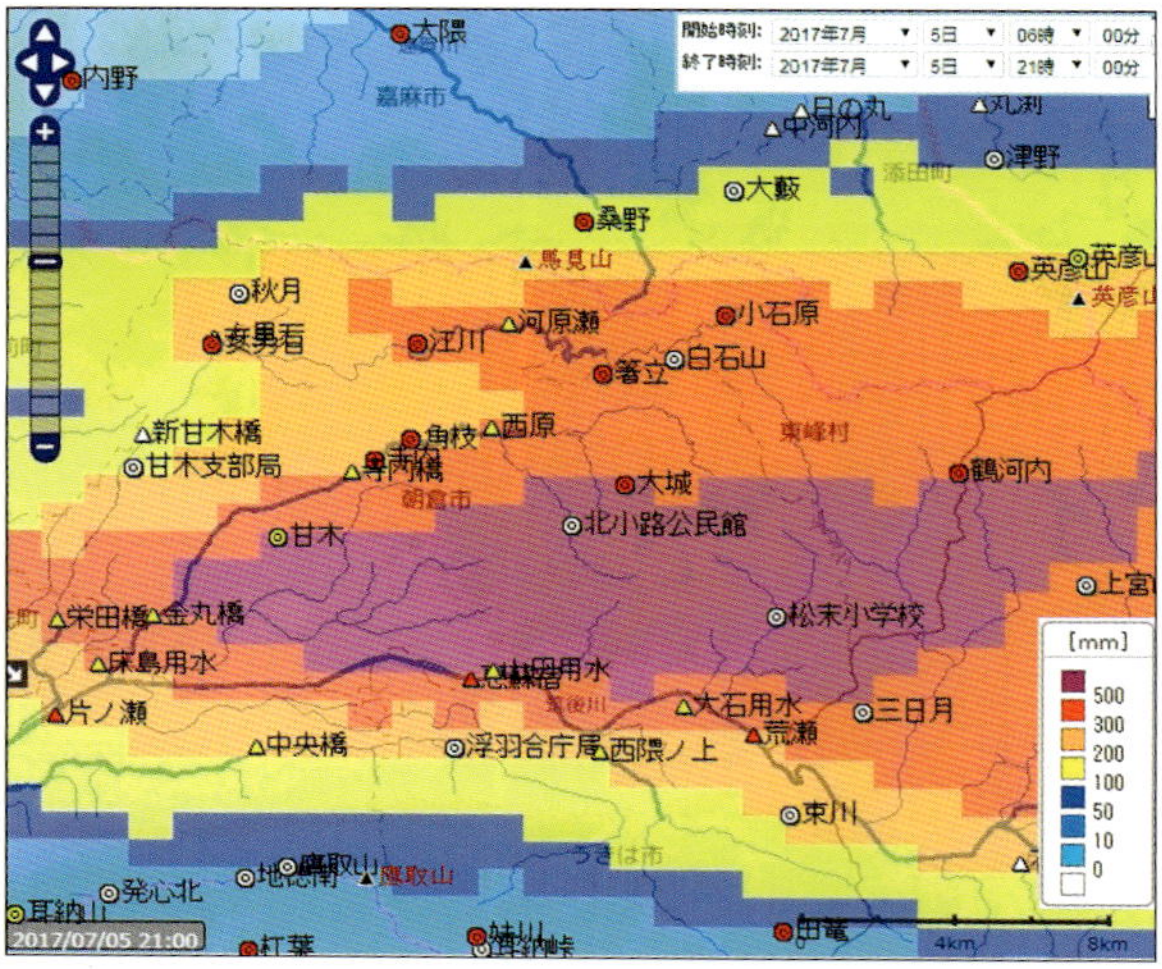

レーダ雨量計による累加雨量

7月5日6時から21時の間に気象庁朝倉（図では甘木）で516mm、福岡県の北小路公民館で803mm、松末小学校（476で欠測、以後も降り続いた）、国河川の鶴河内536mm、大分県の上宮山（図の右端、字が欠けている）554mmという豪雨が降った。レーダ雨量計による累加とよく一致している。

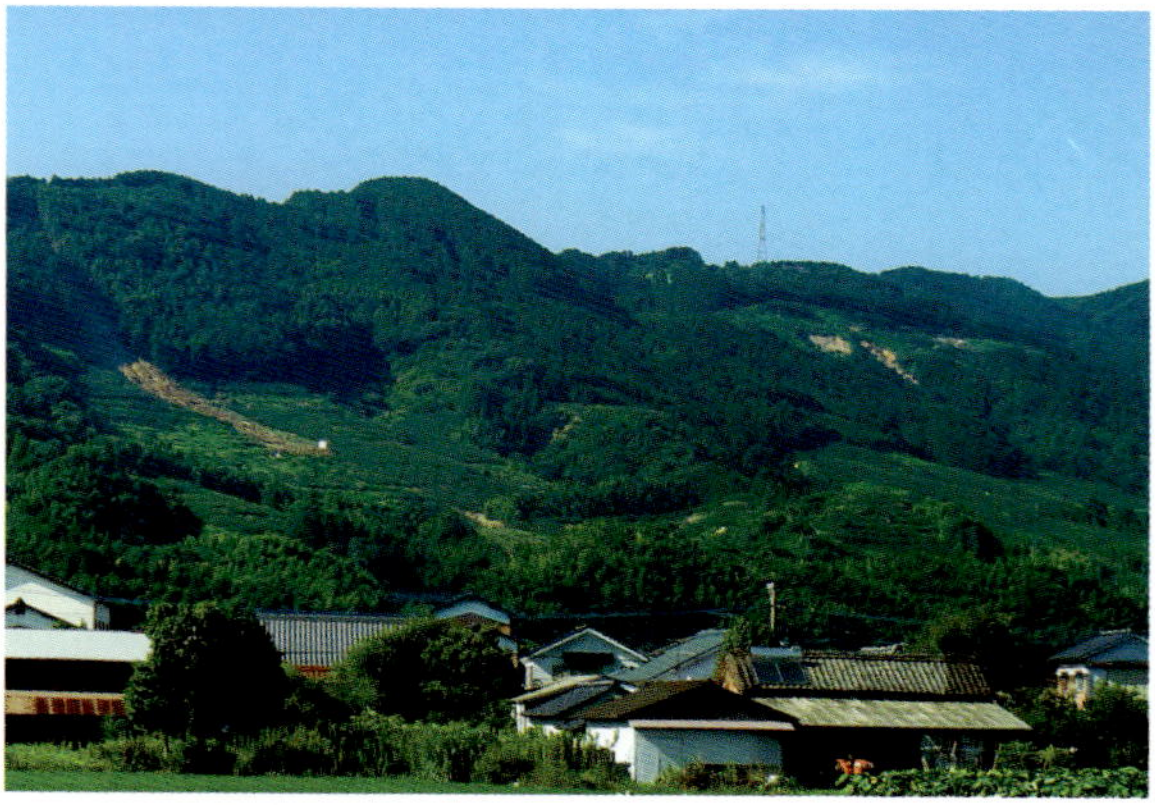

土石流の爪あと

山腹に生々しい土石流発生のあとが多数見られる。

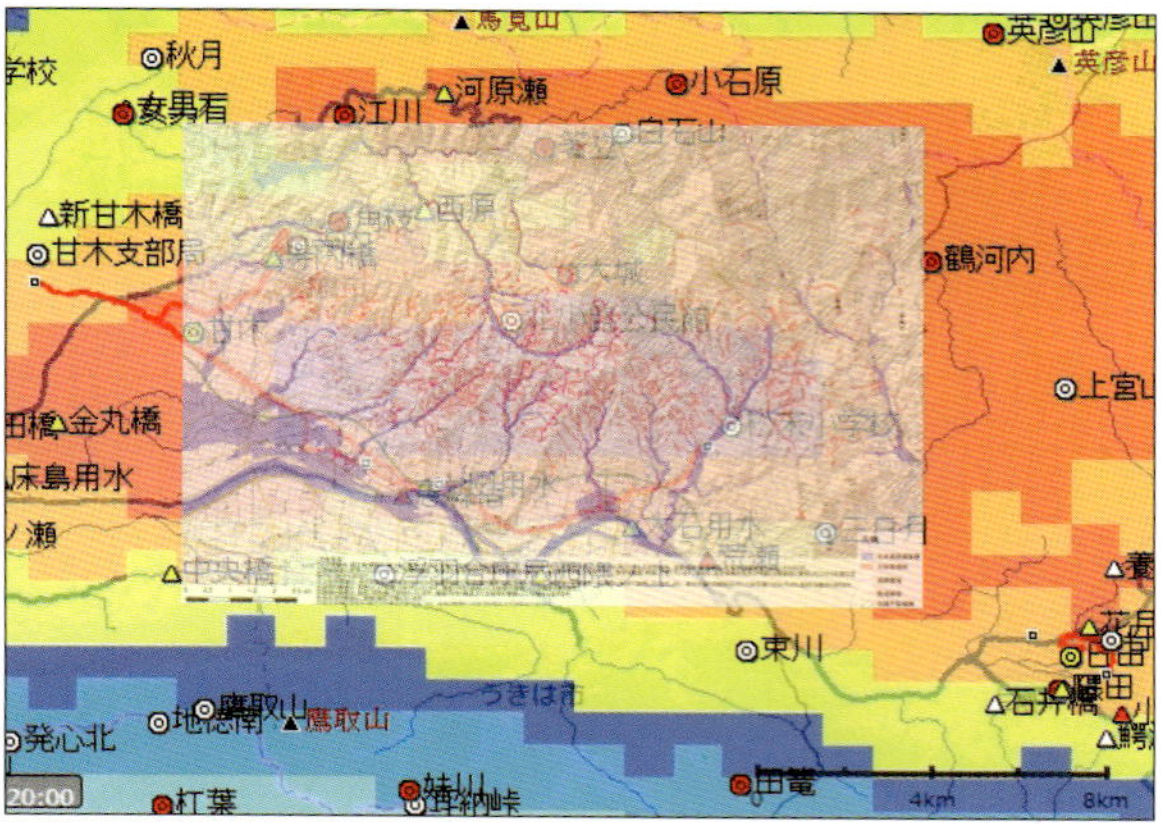

レーダ雨量計累加値と土石流など発生図の重ね合わせ

14時から20時までの6時間に500 mm以上降った範囲と国土地理院の土石流等発生図を重ね合わせるとよく一致する。土石流発生の予測につながると期待される。

気象ブックス043

中尾　忠彦
NAKAO Tadahiko

レーダで洪水を予測する

成山堂書店

はじめに

昨年も、今年も、洪水被害が繰り返されている。

洪水被害を防ぐため、河川では堤防を築き、ダムで洪水の水を溜めるなどの対策を歴史始まって以来、営々として続けてきた。

構造物による対策で被害は減ってきているが、被害の恐れのある土地をすべて構造物で守ることはできない。これは有史以来、洪水防御のための構造物を作り続けてきた日本において立証されている。まして開発途上国において構造物による洪水対策を急速に進めることは困難である。

堤防やダムなどの構造物による洪水対策と並んで、構造物によらない洪水対策がある。そして、構造物による洪水対策を進めるときも、構造物によらない洪水対策を同時に進める必要がある。いわゆる車の両輪である。

構造物によらない洪水対策の中心は洪水という現象から避けること、逃げることである。洪水が起きる河川敷に入らないこと、洪水が氾濫したときには氾濫水から逃げるわけである。

洪水を避けたり、洪水から逃げたりするためには、洪水がどのように、いつ起きるかを予測しなければならない。

洪水予測である。

洪水予測は、構造物によらないで洪水対策を行うときに欠かせないことであるが、構造物による洪水対策においても、より効果的に構造物を活用するため、あるいは堤防などが破壊しないように応急措置をとるためにも欠かせない。

このように、洪水予測、ひいては平常時にも河川を流れる水量（流量）を予測することは、河川・水問題を解決しようとするとき、常に必要となる技術である。

自然災害には地震などまだまだ予測にはほど遠いものもあるが、水害は予測できる。被害を完全に防ぐことは難しくても、生命を守ることは何とかできる。水害は「予測できる」という段階ではなく、「予測する」という業務を関係機関が日々行っている。長年にわたってその業務の一端を担ってきた者として、毎年水害が起きて、亡くなる人が絶えないのが残念でならない。

日本では上流でダムの建設、中流部で遊水地による洪水調節、また堤防の建設などの施設整備が進んできて、これ以上の被害軽減、とりわけ死者数を減らすためには、市町村など責任ある組織で水害対策を担当する人も、住民自身も、情報を活かして対応するほかないと思われる。

情報はすでにかなりの量・質で容易に入手できるようになっているが、それら情報が存在し、提供されていること、その情報をどのように行動に活かすか、ということについてまだ十分に広く知られていないという思いがあって、この本を書くこととした。

本書では、河川や水路が洪水になって水が沿岸に溢れて氾濫することによって生じる水害を取り扱う。洪水の氾濫によって生じる水害の発生機構はおおむねわかっており、その基礎データも容易に入手できるようになっているからである。

河川の氾濫による水害の予測は、できるかどうか、という段階ではなく、現在すでに日常業務として行われていることである。長期的な予測に基づいてダムや堤防など構造物が計画され、建設されており、雨量・水位などの観測網が整備され、それに基づいた洪水予測が行われている。しかし、現時点においても洪水氾濫現象も多彩であって、あらゆる水害に対応することは人的資源の問題もあってできていない。そこで生命を守るためには、氾濫被害を受ける可能性のある人たちにも何らかの予備知識を持って洪水予報などの情報に耳をすまし、また急を争う場合には個人個人での判断で行動することが必要になる。判断の基礎となる情報はレーダ情報をはじめとして、すでにいろいろなメディアを通じて公表されているので活用してほしいものである。本書では、洪水予報のもととなっている洪水の予測を中心とするが、洪水予測の精度を高めるために整備されているレーダ雨量計についてもできるだけていねいに説明したい。

以下、第1章では「レーダ情報でいのちを守る」と題して、危険が差し迫ったときにレーダ情報を活用して自分の命を守る方法、心構えについて述べる。第2章では、「レーダ雨量計の原理と特性」として、現在の洪水予測に不可欠なレーダ情報の原理と特性を、筆者も携わった国土交通省の「川の防災情報」で提供されているシステムを中心に説明する。第3章では、「生命・財産を守る洪水予報」として、予報・警報を発表する立場から留意点を述べ、最近の洪水予測システムを紹介した。筆者の知見も限られているので、かつての同僚など面識のある人々の仕事にとどめているが、発表情報を受ける人にとっても舞台裏の状況を知ることが情報内容のより良い理解につながるものと考えている。第4章では、「洪水ハザードマップを活用する」として、長期的な洪水予測によって作成されるハザードマップについて、特にその読み方について解説した。

この本は、水害の発生が予測されているところに住む人、そういうところに行く可能性のある人（とは、実質的にすべての人）、避難の勧告・指示などの責任を担う首長とそのもとで実務に携わる人を念頭に書いた。さらに、国や都道府県の担当部局でより高度な技術を駆使して洪水予報に当たる人々、また具体のシステムを構築するコンサルタントなどすでに専門知識のある人々にとっても、基礎的な事項を再確認する手助けになれば、と期待している。

2017年9月

中尾　忠彦

本書で用いられる用語について

本書では、洪水と氾濫など用語を以下のように使い分けている。

洪水とは、平常よりも川の水かさ（水位）が高くなることをいう。

山本晃一によると、平地を流れる自然河川の川幅その他は1年に1回起きる程度の流れがちょうどおさまる程度になっているという。そこで技術的には1年に1回程度の流量が発生した、発生している状況が洪水ということになる。1年に1回程度の流れというのは、常時水が流れている水路部分と、それに沿って平常は水が流れない河川敷（高水敷という）があり、宅地・農地となっている土地との間には堤防がある、という河川の場合には、水位が上昇して高水敷が水に浸かる程度の流れに相当する。

洪水予報が実施されている河川では、余裕をとって、高水敷に水が上がるよりも少し低い水位が水防団待機水位に指定されている。河川管理の立場からは、水位が水防団待機水位よりも高くなっている状態が洪水ということになる。

ただし、河川敷の利用が高まるにつれて、２００８年7月に神戸市都賀川で起きた水難事故（第1章で取り上げる）のように、従来は洪水と認識されていなかった程度の水位上昇でも災害が生じることがあるので、あまり厳密に仕分けするのではなく、通常よりも水位が高くなった状態を洪水と呼ぶことにする。

洪水の時には、平常時には澄んだ川でも土砂が混じって濁り、ゴミが流れてくることも多いので、目で見ればわかるものである。洪水になっても水制や護岸などの工作物が破損する程度で、一般への被害が生じるとは限らないが、氾濫すればまず間違いなく被害が生じて、災害となる。

氾濫とは、河川や水路の水位が高くなったり、堤防が決壊したりして、河川の水が住宅地や農地などを流れたり、溜まったりすることをいう。英語の flood には洪水と氾濫と、二つの意味がある（ほかにもある）が、河川に沿う堤防がほとんど築かれていない国も多いので、平常よりも水位が高くなって周辺にあふれ出せば、すなわち洪水であり、氾濫となるので、両者を区別する必要があまりないのであろう。氾濫を強調するときには inundation と難しい表現をしているようである。

本書で「レーダ雨量計」とあるのは旧建設省、現在の国土交通省で国土管理のために面的な雨量情報を得るために開発し、配置してきたレーダのシステムを指し、単に「レーダ」とあるのは、レーダ雨量計を含めて気象庁その他で定量的な観測を行っているレーダ一般を指している。

レーダで洪水を予測する　目次

第4章 洪水ハザードマップ

第1章

レーダ情報で命を守る

本章ではレーダ情報を活用して命を守る方法について述べる。それにはまず、自分が今いるところ、住んでいるところがどういう地形にあるかを知る必要があり、また、多様な経路で提供されるようになっているレーダ情報についてどのような性質があり、どのように情報を読み取るのがよいか知っておく必要がある。

1.1 地形を見る

（1）集水域

水は高いところから低いところに流れる。

地上に降った雨はその土地の地形に従って流れる。いくら多量の雨が降ったとしても、降った場所に留まっていれば災害と呼ばれることにならない。雨が降った地点から最大勾配の方向に順次流れ下るうちにおのずと集まって、水かさが増大することになる。水が流れる道筋を逆に見て、ある地点にはどこに降った雨が流れてくるのかを考えることができる。ある地点とは一般に、河川の水路、いいかえれば河道の一つの地点で、降った雨がその地点に集まるような区域をその河川のその地点での集水域と呼ぶ。

集水域は流域とも呼ばれるが、流域というときにはその川が氾濫したら氾濫水が広がる範囲も含めることがあるので、集水域と呼ぶほうが誤解は少ない。また、人工水路などでは流域と呼ぶよりも集水域と呼ぶ方がしっくりすると考えられ、以下では集水域と呼ぶ。

洪水の予測をするには、まずある地点をとって、その地点に対応した集水域がどの範囲なのかを知り、ついで集水域にどれだけの雨が降っているかを知ればその地点に流れ下ってくる流量が推定でき、水位が求められる。

ある地点に対応した集水域はどの範囲かということは地形で決まっているので、あらかじめ調べておくことができ、雨が降りそうなとき、降り始めたときには集水域にどれだけの雨が降っているかレーダ雨量計情報を注視する。

山地とそれをえぐる渓谷というような地形は地上に立つだけでも、また、地形図を見るだけでも勾配の方向も歴然としていて集水域も容易に判断できるが、平坦なところではわかりにくい。しかし、微妙ではあっても勾配があって雨水が集まってくるところでは水害が起きることに注意しなければならない。

東京の山の手台地でも氾濫が生じるときがある。一見平坦に見える台地でも周辺より低くなっているところがあって、そこに流下してきて水路から溢れたり（溢水という）、湛水したりするので、相対的な高低が問題になる。もちろん石神井川とか神田川といった台地を深くえぐって流れる河川の沿川が低くなっていることは見やすいことであるが、河川水路が地表に現れていないところもある。

２００８年8月の岡崎市の災害で、岡崎市の市街全域に10分間雨量20ミリに達する豪雨が降ったが、死亡を含む最も深刻な被害が生じたのは伊賀川に沿ったところであった。これは伊賀川の流域に流出が集中したのに加えて、溢水が生じた区域が袋小路のような窪地で、溢水した水が拡散しなかったことも要因であり、集水域とは意味合いが違うが、地形の重要さを示すものであった。

集水域を知ることは山地では地形図から容易に判読できるが、平地、特に市街地ではわかりにくい。そのような場合には国土地理院が「基盤地図情報標高数値モデル*01」として詳細なデジタル標高図を公開しており、「カシミール３Ｄ*02」というフリーソフトを用いればデジタル標高図を容易に表示することができる（一般の地形図とも相互に参照しながら簡単な手順で見るには若干の料金が必要）。カシミール３Ｄでは距離や面積の測定に加えて、地形断面図も容易に描ける。

土地の起伏を直感的に把握するためには「Google Earth」もよいが、市街化した平坦地などはカシミール３Ｄの方がわかりやすいと思われる。

平地で、しかも広範囲なので、デジタル標高マップでも直感的に把握するのが難しい地域がある。それは東京湾・伊勢湾・大阪湾の日本三大湾の沿岸に広がるゼロメートル地帯である。これらは平常から排水ポンプによらないと雨水が排除できない。排水ポンプを働かせなければ大きな水たまりができるで

*01　基盤地図情報標高数値モデル　http://www.gsi.go.jp/kiban/towa.html
*02　カシミール３Ｄ　http://www.kashmir3d.com/

あろう。

東京のゼロメートル地帯では1947年のカスリーン台風で利根川の堤防が決壊して氾濫した水が流下してきて湛水し、水につかった期間が1箇月にも及んだ。その惨状は横田實「カスリーン台風水害点描*03」に詳しく述べられている。また、伊勢湾沿岸では1959年の伊勢湾台風の高潮で5000人近い人が亡くなった（伊勢湾台風全体では5000人以上）。

カスリーン台風から70年、伊勢湾台風からも60年近く経過して、ともすれば忘れられかねない状況であるが、その後ますます人が多く住み、経済活動が盛んに行われ、地下鉄の路線も増えている。高潮や津波・地震は本書の対象ではないが、少なくとも堤防の決壊がゼロメートル地帯の湛水につながるような堤防区間とその集水域の状況には平素から注目する必要があると考える。

（2）上流の見えない川

流域の中で一様に雨が降る。上流でも、また下流の洪水予測地点でもほぼ同じ強さで降り、ほぼ同時に強くなったり弱くなったりするのであれば雨と水かさの関係が把握しやすい。

これに対して、洪水予測をしたい地点では雨が降っていなかったり、降っていても弱い雨なのに、上流で強い雨が降って洪水が生じたりするときがある。

流域が広くて上流がよその世界のような川、たとえばナイル川では、下流は沙漠でぜんぜん雨が降っ

*03　横田實「カスリーン台風水害点描」1947年、手稿

ていないのに、上流のエチオピア高原で雨が降ることで洪水になるということがある。古代エジプトの時代にはその関係がわからなくて、ナイル川の洪水は季節の移り変わりにともなう現象であって、冬に天空高く昇ってくるシリウス星と関連づけられると考えたという。

これはヨーロッパでも同じで、セーヌ川の洪水が上流の降雨によるものだということがわからなかった。それは当時の人の行動範囲が河川流域の規模に比べて狭かったからであろう。いずれにしても、17世紀も後半になって上流の降雨と下流の洪水との関係がわかってきたのが近代の水文学の始まりとさえいわれている（日本大百科全書 ニッポニカ 榧根勇の執筆）。

日本の川は、ナイル川はもとより、セーヌ川に比べても流域面積が小さくて、流域圏といわれるように平素から流域の中での人の移動があったことから、上流で雨が降ったら下流で増水することがわかっていた。木曽川の下流の輪中地域では、「四ツ刻（どき）、六ツ刻、八ツ刻」と言われて、下流域で豪雨を降らせた台風が移動していって上流に雨を降らせ、四ツ刻後（おおむね8時間後）には揖斐川が増水し、六ツ刻後には長良川、八ツ刻後には木曽川で増水するという経験則が伝えられてきたという。

面積の小さい都市河川の流域でも、流域内の降雨分布が大きくかたよっていることがある。

そして、近年その存在が広く知られてきた線状降水帯のように、狭い範囲の中でも降雨量に大きな差がつくことがある。１９９８年の栃木・福島豪雨、２０１４年に広島で土砂災害を引き起こした豪雨、２０１５年の鬼怒川堤防決壊をもたらした豪雨、そして２０１７年の九州北部の豪雨のいずれもそうであった。水害を受ける人、水害対策を行う組織の本部のまわりでは災害を引き起こすような雨が降っていなくても、視界の届かないところに降った豪雨で被害が生じることも多い。

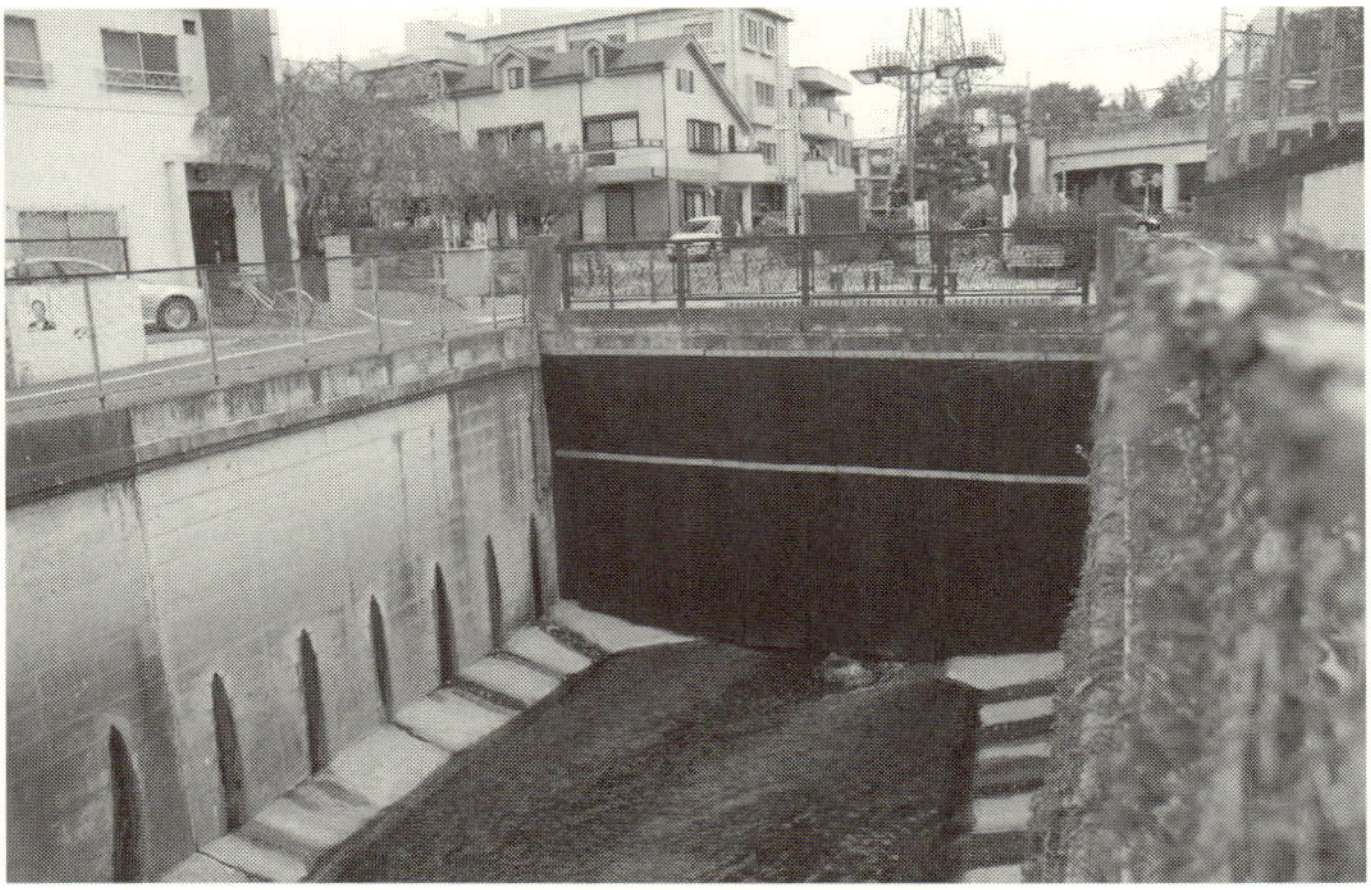

図1.1　呑川のトンネル出口　この下流で河川工事をしていた人が亡くなった

(3) トンネル河川

流域が都市化するとき、ときには河川に蓋をかけて地下河川や下水道にしてしまうことがある。こういった河川ではどの範囲が集水域になるのか、直感的にはわからないことがある。

呑川

東京都の呑川（のみかわ）もその例で、２００８年７月に死者を出す水難事故が起きた。呑川は武蔵野台地の水を集めて東京湾に注ぐ延長14・4キロメートル、流域面積17・54平方キロメートルの小河川である。世田谷区・目黒区にまたがる流域が都市化して住宅地になり、蓋がかぶせられてトンネル河川になっている。旧版地形図によれば、上流部は１９６６年までに地下河川となり、１９９３年までに現在の姿になったようである。トンネルの出口は東京工業大学の緑が丘キャンパスの南側に開口している。出口にはゴム製のカーテンが下がっていて、人が容易に入れないようになっているが、その向こう側がどこにつながり、どこに降った雨を集めているのかわかりにくい。

呑川では２００８年7月9日に河川工事中の作業員が突然の増水に流されて死亡した。このような河道（水路）の中で作業するときは、上流集水域での降雨を警戒しなければならないが、呑川は事故地点の少し上流で地下河川になって、どこに降った雨が流れてくるのかわかりにくい。現在の地形図では一面の住宅地となって、地下に埋設された河川がどこを流れているのか、判然としない。

作業員はこの下流の河川敷に防護壁を設置した中で河川工事をしていたが、突然に増水して防護壁を超えて水が流れ込み、逃げ遅れた作業員が亡くなった。工事現場から上流部の降雨が見えるのであれば上流の雨雲をみて警戒することもあったのだろうと推測されるが、トンネルがどこにつながっているのかわからない状態であり、どこが集水域なのかも容易にはわからず、十分な警戒ができなかったのであろう。

呑川の河道は１９０９年測図の地図上で追うことができ、現在も「呑川緑道」と名を残している区間もあるが、流域界はわかりにくい。ただし、厳密な流域界がわからなくても、どのあたりが流域に含まれるかがわかれば、その地域に雨域が存在したか、しているかということから洪水の発生は予測できると考えられる。

雑司が谷の下水路

河川ではなく、下水道であるが、同じ２００８年の8月に東京都豊島区雑司が谷で下水道管の維持工事をしているときに、突然増水して作業員が亡くなった事故がある。東京都下水道局雑司が谷庁舎の近くであった。ここには１９４５年ころまで地表に水路があったが、それ以後に下水道として地下に埋設

図1.2　雑司ヶ谷の下水道事故現場付近

されたようである。河川の排水系統は、小支川が集まって支川になり、支川が集まって本川になるという樹木のような形のチャートに表現できる。これに対して、下水道は枝を互いに連絡する管路を設けて豪雨の排水を円滑にしている。このために、流域をすっきりと定めることができないことがあり、どこに降った雨水が流れてくるのか、しかも全体が地下に埋設されていることもあってわかりづらい。しかし下水道管理者がいて、そのもとで維持工事もしているのであるから、部局間の連携を良くするべきであろう。

以上に見たように、河川のこの場所に流れてくる洪水の元はどこに降る雨なのか、ということを確認することから洪水予測が始まる。

（4）立体地形図の応用　呑川の例

呑川の流域は完全に都市化していて、起伏がわかりにくい。旧版地形図で見ても、比較的に平坦で、水路を追うのが困難である。このようなとき、国土地理院が公開しているデジタル標高図など、立体地形図を見ると集水域がはっきりとわかる。下水道の配置によって若干の出入りがある可能性があるが、注目すべきところはわかる。そこで、レーダ雨量画像を見て、集水域に雨域がかからないか監視すればよいことになる。判断と避難の実行に要する時間の余裕を取ると、雨域がこの集水域にある程度近づいた時点で避難を判断すればよいと考えられる。

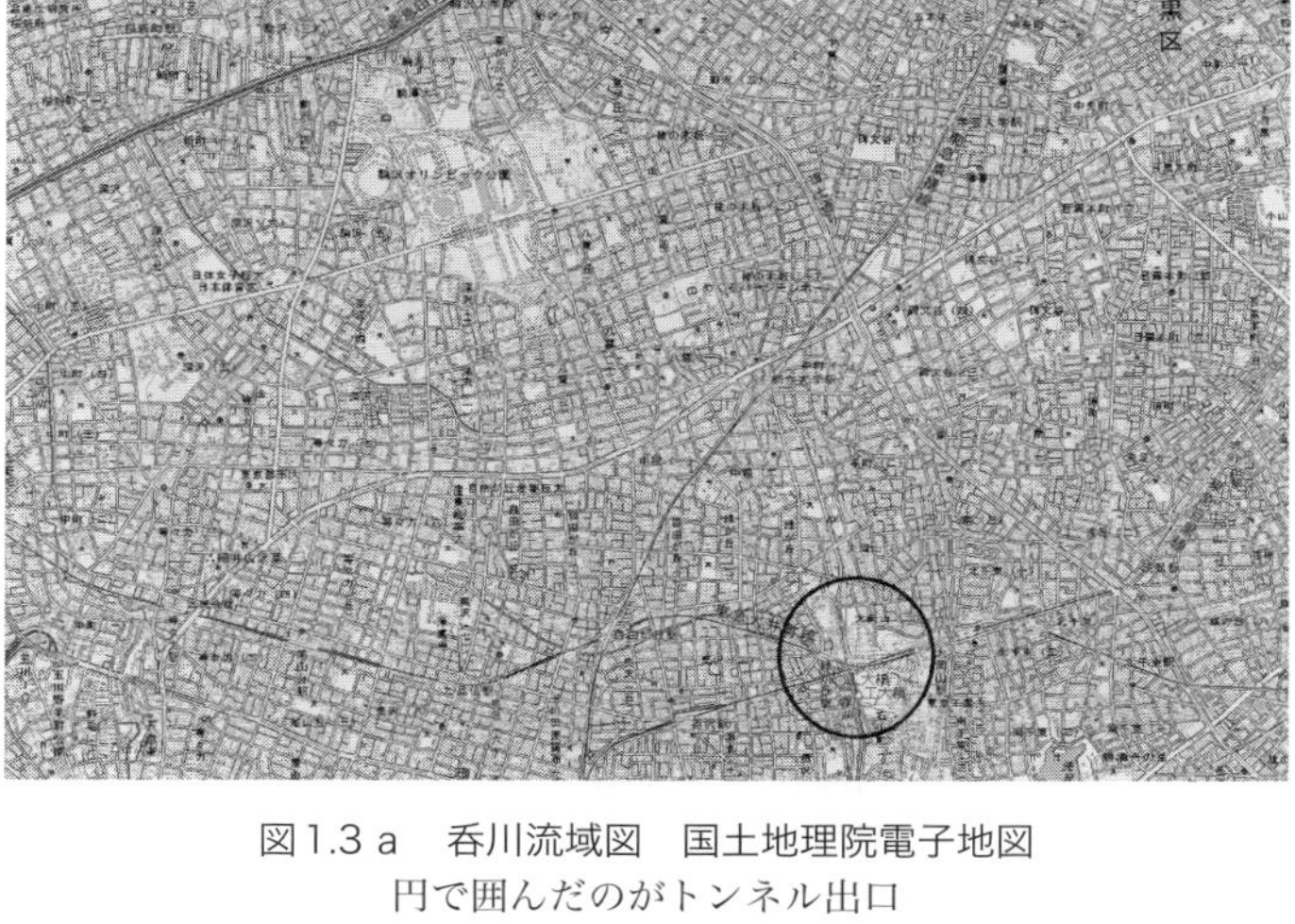

図1.3 a　呑川流域図　国土地理院電子地図
円で囲んだのがトンネル出口

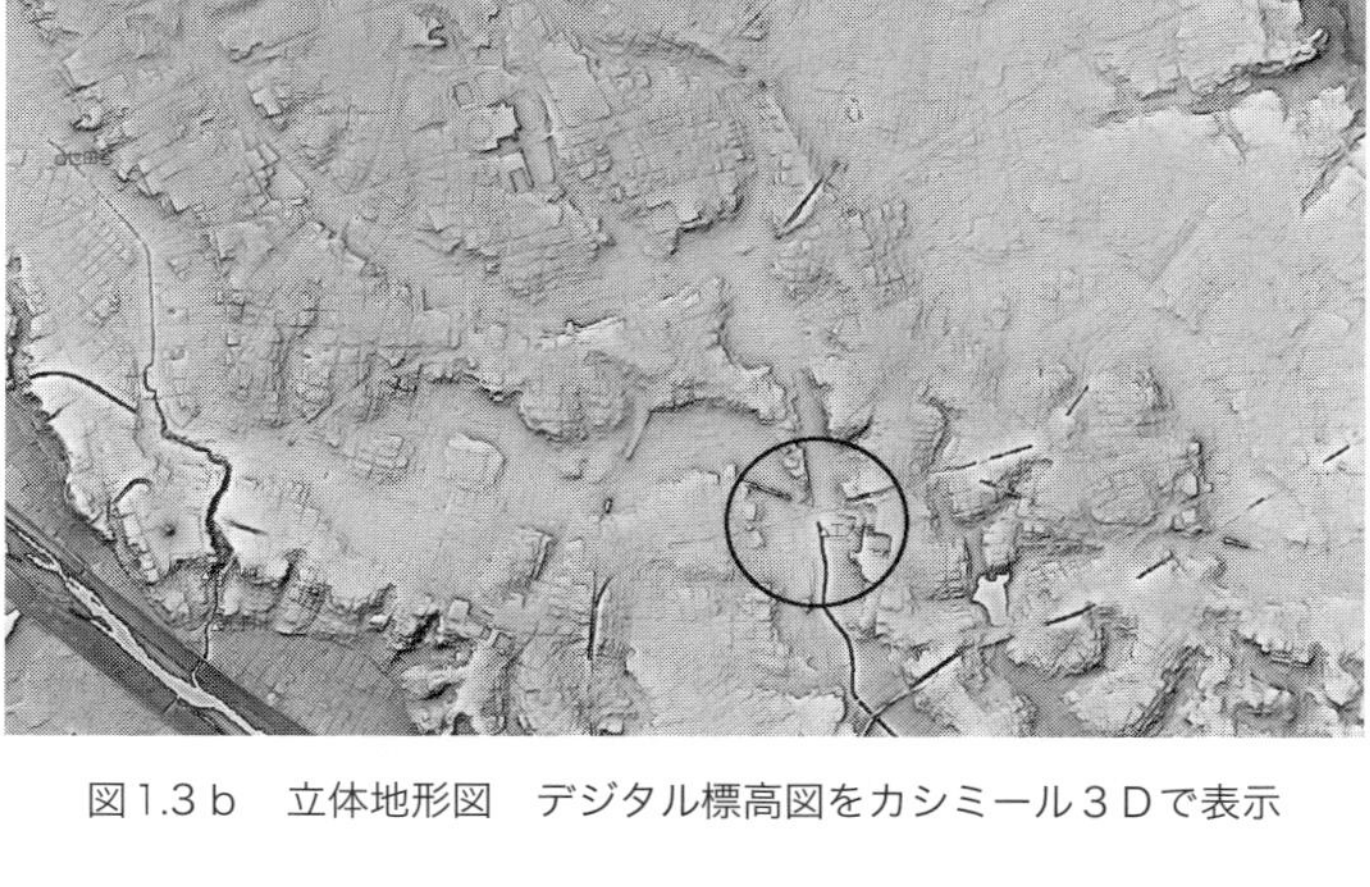

図1.3 b　立体地形図　デジタル標高図をカシミール３Ｄで表示

1.2 水害のかたち

氾濫被害を受ける原因とその状況

ある土地が氾濫被害を受ける原因とその状況は次のようにいろいろある。ここでは「(水害の) モード」と呼ぶ。

① 道路の側溝などが溢れる
道路の排水設計によるが、これで宅地にまで大きな被害が及ぶことはあまりない。

② 小さい支川や都市下水路などの水路から溢れる
急速な宅地開発が行われるとありがちだが、大規模な開発などでは雨水調整池などの対策が行われる。

③ 水門・樋管の閉鎖によって支川から溢れる
支川が本川と合流する合流点に水門などが設けてあるとき、本川の水位が上昇して水門を閉鎖した後で支川の水が溢れる。

④ 別の支川から溢れた水が流下してきて浸水する
何本も支川が並行して流れているとき。

⑤ 本川の堤防を乗り越えたり、無堤区間から溢れたりする
溢れる水量が少なければ壊滅的な被害にはならないことが多い。流下した先で溜まると困る。

⑥　本川の堤防が決壊して溢れ、浸水する

決壊するかしないかで大きな差が出る。

⑦　本川上流の堤防が決壊して溢れた水が流下してきて湛水する

他の河川の堤防などに遮られるときには湛水が長期に及んで大きな被害となる。

これらのうち、後のものほど現象としての規模が大きく、後のモードの水害が起きるとそれより小規模なモードの害は上書きされてしまう。とりわけ、①と②とは局地的な現象で生命に危険が及ぶことは少ないと考えられる。洪水予測が重要になるのは③以降であり、国や都道府県による洪水予測は⑤以降を主な対象として行われ、予報として発表される。③、④についての予報は必ずしも十分でなく、今後さらに充実が望まれる。土地の条件によってはこれらのうちいくつかは考慮しなくてもよい場合がある。

それぞれのモードによって降雨状況に着目する範囲と時間が違ってくる。たとえば、利根川の下流香取市では、支川である小野川の数十平方キロメートルの流域と、本川利根川の1万平方キロメートルの流域と両方を監視する必要がある。ただし、本川の監視と予測は国が行っているので国からの洪水予報に気をつけていればよい。

②はその支川の計画が過去の降雨記録と流域面積・流路延長などから簡単に最大流量を求めるラショナル式（合理式ともいう。第3章で説明）で立てられていれば、ラショナル式で用いた到達時間内の降雨量を監視する必要がある。

③は本川洪水と支川洪水の時間差が問題となるので複雑である。本川と支川の双方を監視する必要が

ある。本川の洪水予測を行う、国の機関などは最大流量や最高水位を予測するだけでなく、その時間変化（ハイドログラフ）の予測も精度を高めなければならない。

④は③に近いが、視野を広げて監視する必要がある。

⑤、⑥、⑦は従来から行われている洪水予測が対象としてきた事象であり、目の前の河川のことであるから沿川の住民には関心も高いと考えられる。国や都道府県の洪水予報に注意し、適時に水位の値、とりわけ上昇の傾向を監視する。

⑦は広域にわたる大災害となるが、決壊地点のすぐ近くでは困難であるが、上流の決壊のニュースに気をつけていればある程度の準備ができるであろう。筆者の住む家は熊谷で荒川の堤防が決壊するとほぼ1日後に2・5メートルの浸水があると蓮田市ハザードマップに示されている。ハザードマップを配布されたとき、一通り読んでおけば、寝耳に水という事態は避けることができる。

氾濫のモードごとに監視すべき範囲（集水域）と時間スケール（洪水到達時間）が違う。ある時間帯に合計（累加）してどれだけの雨が降ったかという累加雨量についても、モードごとに異なる区域、異なる時間帯の値を知る必要がある。２０１７年８月現在の「川の防災情報」では、地上雨量観測所ごとに降り始めからの累加雨量が提供されているだけであるが、今後はレーダ雨量を用いて面的に、30分、1時間というように複数の累加雨量が計算・提供されるよう期待される。

累加雨量が十分に提供されていない段階では、履歴再生の画面を見ながら、着目する河川の集水域に雨が降り続けていないかどうか、頭の中で累加することになる。地上雨量計による累加も合わせてみるとよいのであるが、現在は個別の観測所について数表とグラフが示されている。その河川（集水域）を代表する観測所を集水域の規模によって1点、または数点を選んでおくとよい。

窪地の災害　岡崎市の例

２００８年８月に愛知県岡崎市で豪雨があり、アメダス岡崎観測所では0時から7時までの7時間降り続いたが、そのうち1時から4時までに２４０ミリの雨が降った。市街地を流れる伊賀川の沿川で逃げ遅れた人が亡くなった。その土地をメッシュ標高地図で見ると、窪地になっていて、伊賀川の堤防を越えた水がよそに流れずに短時間で深く浸水したことがわかる。平常は下水管で排水されているのであろうが、堤防を越える水量は大きいものであるから排水できなかったと考えられる。これほどの豪雨で岡崎市街地全域に避難勧告が出されたが、伊賀川の河川敷に建てられていた家屋が破損して寝ていた人が洪水に流されて亡くなったのと本件とで、２人が亡くなった。

この土地は、現地で見れば確かに窪地なのであるが、一般の地形図でそれを読み取るのは困難であろう。しかし、カシミール３Ｄで標高をいくぶん強調して表示すると図１・５のように、窪地であることがわかる。

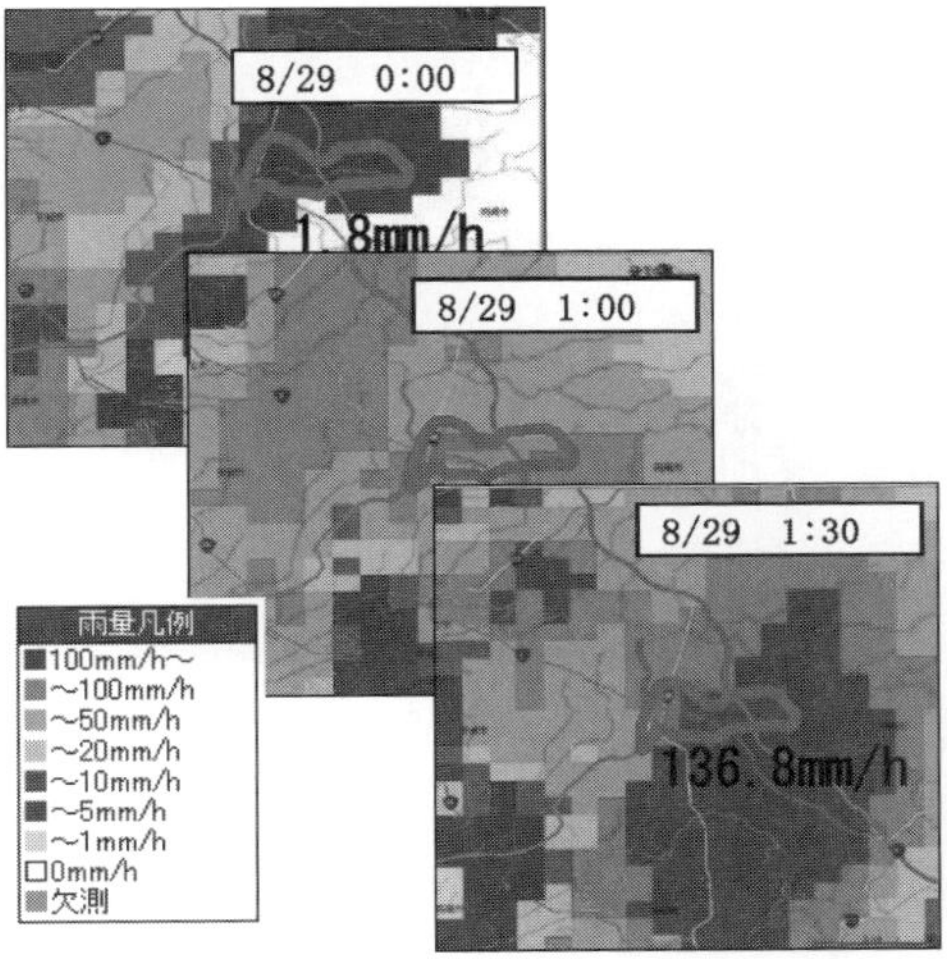

図1.4　岡崎周辺のレーダ雨量計画面　中央の曲線で囲んだところが伊賀川流域

時間降水量の最大値が１４６・５ミリメートルと

図1.5　伊賀川沿川の窪地　矢印のところがくぼんでいる　右のスケールはm単位
国土地理院基盤地図情報５ｍメッシュ（標高）をカシミール３Ｄで表示

アメダス観測所の全国ランキング（http://www.data.jma.go.jp/obd/stats/etrn/index.php）でも日本の観測史上第８位（第1位は１９９９年千葉県の香取であるが、１５３ミリと大差がない）、３時間のうちに２４０ミリ降ったのに他の被害が少なかったのは、降水量だけでは水害の規模が決まらないことを示している。

　このような窪地が自然にできるとは考えにくい。何らかの人為が加わったものと推測されるが、その経緯・来歴が現在の住民に知られているとは限らないであろう。埼玉大学人文地理学教室によって無償で公開されている「今昔マップ」http://ktgis.net/kjmapw/index.html を見ると、１８９０（明治23）年以後１９２０（大正９）年までのあいだに伊賀川の改修が行われ、この地区の西側の水田地帯を流れていたのが岡崎城の外濠に向けて付け替えられたことがわかる。この土地はその工事によって台地と伊賀川の堤防に挟まれた窪地になり、当初は疎林であったのが１９６９（昭和44）年ころまでに住宅地となったようである。

　人為的な改変で窪地になった土地は東京都区内にもあると

いい、他の地方にも多いことであろう。国土地理院の基盤地図情報（標高）などで確認するとよい。

窪地を宅地などに利用する場合には、そこが窪地であることを認識して、適切な高さに寝室を設けたり、重要な家財は1階に置かないようにするなど、浸水を想定した計画を立てるべきであろう。

1.3 レーダ雨量情報を活用する

（1）XRAINでレーダに慣れる

まずはXRAIN（エックスレイン）の情報画面を見ることから始まる。

XRAINは国土交通省「川の防災情報」サイト*04から見ることができる。スマートフォン・タブレット版もあり、この情報を受けて見やすく加工した第三者サイトもある。

XRAINは縦横250メートルのメッシュで、雨がどこでどの程度の強さで降っているのかを1分ごとに更新して最新の情報を伝えるものである。2017年4月から「XRAIN-GIS版」として運用・公開されている（第2章第1節参照）。画面ではカラーで降雨強度を示していて、赤く色づけされたところでは非常に強く雨が降っていることを示している。動画表示にすると過去の降雨状況を一定時間ごとにアニメーションで示されるので、雨雲（現に雨が降っている区域を示すため、雨域という）がどのように移動し、発達しているか、がよくわかる。関東地方を1画面に表示させるときなど、普通

*04 http://www.river.go.jp/

は画面上（とは実際の土地の上でも）ベタに同じ色になっていることはまず無くて、ムラがあることが多い。

履歴再生（動画で再生するような見方をこのようにいう）をしてみると、雨域が移動することがわかる。スマートフォンの画面では、自分（スマートフォン）の位置が地図上に表示されるので、周囲の状況から縮尺を判断しておおよそどのくらいの速さで雨域が移動しているのかもわかる。

まだら模様のうち、濃い赤ないしは紫色の部分が自分の真上に来たときにまわりを見ると激しく音を立てて降っている。また、青っぽく、あるいは白地の部分が自分の真上に来ると雨は小降りになり、あるいは降り止む。

普通は、台風の時はとりわけ、雨域は南西から北東に移動することが多いが、東から西に移動することもあるし、夏の夕立など突然近くに強い雨域が現れて驚くことがある。「埼玉県南部では所によりくもり時々雨」などと、降るのか降らないのかわからない天気予報がされることもあるが、そのように表現するしかないことがレーダ画面を見ていると納得できる。レーダを日頃から見ていると、降雨現象の一般的な性質と同時に、絶え間なく変化する複雑さを感じることができる。

レーダ情報は日常生活にも非常に有用なものである。防災の立場からは、平素からレーダ情報を活用していれば、いざというときにも「レーダを見てみよう、レーダではどうなっているか」と自然に気が回るのが良い。防災専用としておくと、いざというときに操作法がわからなかったり、故障していたりすることがある。

筆者宅では、洗濯物を屋外に干すときには、あらかじめＸＲＡＩＮで関東平野の降雨状況を調べている。雨域の移動速度は自動車の走行速度と同じくらいであるから、どこで降っているか、移動の方向はどちらか、ということを確かめてから干すと雨に濡れる恐れが格段に減る。あるとき雨域をチェックしないで干したときがあったが、雨が降ってきたのであわてて画面を見ると細い筋状の雨域で、しかも筋と直角方向にかなりの速さで移動している。このぶんであれば洗濯物を取り込む必要はないと判断して放っておいたが、幸い読みが当たって被害が少なかったということもあった。

駅に着いたら雨が降っていた、ということも多いが、XRAINをチェックして、しばらく雨宿りするか、それともタクシーなどを利用するか、判断することもできる。

このように、平常から情報を受信して、雨域をチェックしていれば、浸水や氾濫を起こしかねない非常な豪雨の時にも迷わずに、機器を操作して情報を収集し、適切な対応ができると考えられる。街頭に設置された防災無線のスピーカーを用いて、平常は学童の下校の案内をしているのは、防災施設を点検し、操作の練習をする効果があると思われるが、それに似ている。

XRAINにカバーされていない地域では、従来からあるCバンドレーダの情報を見る。解像度が1キロメートルメッシュで、情報が提供されるのに観測後10分ほどかかるが、防災の目的には十分である。筆者もXRAINの情報提供が始まる前はCバンドレーダ情報を使っていた。

(2) レーダ情報の見方

レーダは面的な情報なので、雨域の広がり、分布、移動の状況を直感的に把握できるのが長所である。その長所を活かすためには、関心のある市町村をクローズアップして見るというよりも、県よりも広い範囲を表示させるのがよい。そして、過去から最新時点まで一定間隔で画像を表示させる（履歴再生表示）とよい。現時点では計算・通信能力の制約から一般的でないが、観測値をメッシュごとに累加して表示させるなど、二次処理によって重要な情報を抽出することができる。

① レーダ画像を見るスケール

レーダは市町村単位まで拡大できるが、レーダメッシュの平面解像度はあまり高くないので、あまり大きく拡大しても意味がない。流域の範囲を含んで広く、とくに西側が広く見える程度までに拡大すればよく、それ以上の拡大はかえって雨域変化の趨勢を見失うことがある。

ＸＲＡＩＮは第2章で見るように、２０１７年4月から、ＣバンドＭＰレーダとの合成が始められたが、まだカバーされていない区域がある。Ｃバンドレーダは国土交通省のレーダ雨量計も気象庁のレーダも全国合成が行われていて、それから各地方の情報を切り出して表示している。時々は全国合成図を見て日本全体の状況を把握するのがよい。台風による雨域が西から東に移ってくるようすがわかり、必要に応じて事前の準備ができる。西日本に雨域が広がっていれば、多くの場合に時速30キロメートルくらいで東に移動してくると推測して注意体制をとる。そのため旧建設省でＣバンドレーダについて、地方ごとに合成処理を行っていたときも、西隣の地方の状況がわかるように画面の表示範囲を決めていた。日本のさらに西側の情報も必要になるので、その場合はひまわり画像などを参考にする。日本全体についての履歴画像は変化が小さくて移動の傾向が読み取りにくいときもあるが、日本全体の動向をまず頭に入れたあとで、拡大した地方合成図を見ると大局を見失わない。

ついで、関東地方といった地方ごとの画面にする。全体の趨勢を全国の履歴画像で見てから、細部を適当に拡大するという方法である。筆者は多くの場合このスケールで雨域の分布状況を把握することとしている。背景の地図に県境や主な河川が描かれているので、自分の位置もだいたいわかる。スマートフォンの場合にはそのＧＰＳ機能を利用して画面に自分の位置を表示させることができて便利である。最後に必要に応じて市町村単位まで拡大する。最初から市町村単位の詳細な降雨状況を見ても、周囲をとりまく全体の状況がわからなければ判断を誤る恐れがあるからである。極端な場合、強大な雨域が行政界のすぐ外にあるのに気がつかないというのでは困る。特に、河川や水路が市町村の外から流れてきているときには、危険な誤情報になる恐れがある。たとえば新宿区には中野区から神田川が流れてくるが、神田川は三鷹市の井の頭池に源を発して杉並区、中野区、豊島区を集水域としている。新宿区の浸水被害を予測するためには神田川流域全体の状況を見なければならない。

２０１７年4月現在、「川の防災情報」のＸＲＡＩＮ-ＧＩＳ版では任意の大きさで表示することができ、東西22キロメートル南北19キロメートルくらいの範囲が1画面に表示されるまで拡大されるが、このくらいが限界であろう。拡大しすぎると、雨域の境界線がジグザグの直線になって不自然であり、全体の状況が見えにくくなる。豪雨は馬の背の右側と左側とでも違うくらいに場所による変化が激しいものだと言われるが、その境界線が直線になるとはいかにも不自然である。ＸＲＡＩＮの場合、地上での感覚と良く合ってはいるが、境界線や背景のジグザグが気にならない程度の縮尺で見るのがよい。

② 瞬時値を見る

レーダアンテナで雨粒からの反射電波を受信すると直ちにデジタル化され、ふつうは1分間（ＸＲＡＩＮ）ないしは5分間（Ｃバンド）の平均値として表示される。これを瞬時値ということがあるが、文字通りの瞬時値ではなく、1分間にアンテナを何回か回転させて観測した平均値に対応するものである。

③　履歴再生

レーダ画像を見るときには、まず瞬時値を見るが、さらに重要なのは過去から現在までの瞬時値を時間の流れに沿って等間隔で見る履歴表示である。アニメーションのように見ることから履歴動画とも呼んでいる。過去の画像を一定時間間隔で再生して見ることによって、雨域の移動方向や移動の速さ、発達と減衰の状況を直感的に知ることができる。

この状況を把握するためにも、関東地方といったある程度広い範囲を一画面に入れて表示する方がよい。

「川の防災情報」ではCバンドレーダの場合、3時間前から1時間間隔で再生するようになっている。XRAINでは1時間前から5分間隔で再生する。

履歴再生の時間と間隔は、画面に表示する範囲によって適当な値があると考えられるが、筆者は全国を見るのであれば3時間前から1時間間隔で再生し、関東地方といった範囲で見るのであれば30分か1時間前から5分間隔で再生するのがよいと考えている。

履歴再生をすることによって雨域の変化を直感的に知ることができることがレーダの長所である。地上雨量計の観測値をたとえば10分ごとに表示させても雨域移動の状況を把握することは、ほとんど不可能である。それには二つの理由がある。

一つは、地上雨量計の数が少ないことによる。2016年4月の時点で国土交通省「川の防災情報」

で集約され、一般に提供されている地上雨量計は1万箇所を超えているが、国土面積が38万平方キロメートルであるから平均して38平方キロメートルに1箇所にすぎない。同じく現在、全国をカバーしているCバンドのレーダ雨量計は1キロメートルメッシュであるから、地上雨量計に比べて38倍の密度であり、しかも海の上まで雨量計を配置しているようなものである。

二つ目の理由は、地上雨量計のほとんどが転倒マス雨量計で10分ごとに、0・5ミリか多くの場合1ミリメートル単位でしかデータが配信されないことによる。

現在の雨量計はほとんどが転倒マス型雨量計で、直径20センチメートルの受水口から入った雨滴をじょうごで集めてマスで測る。マスは1ミリメートルの雨量に相当する水量が入るとひっくり返り、そのとき電気パルスを発生するようになっている。電気パルスが10分間に何回発生したかを数えて10分間に降った雨量の値として伝送するものである。転倒マス雨量計はデータをデジタル伝送するのに便利であり、耐久性もあることから広く使われているが、たとえば1時間当たり5ミリメートルというまずまずの強さで降り続いていても、10分ごとの値をとってみるとあるときは1であり、あるときは0であるというように、間欠的に降っているように見えるデータが出力される。このため、広い範囲に弱い雨が降り続いている時に、まばらに配置された雨量計のあるものは雨が降っているように表示し、あるものは降っていないように表示するので、概況の把握が困難である。

毎時5ミリメートルの降雨が災害の原因になることはまず無いが、屋外で水防など防災活動をするときには著しく能率を下げるので、無視できないものである。

過去から現在までの変化を見て、この先2時間くらいまではおおむね同じ強さ、同じ移動方向、同じ

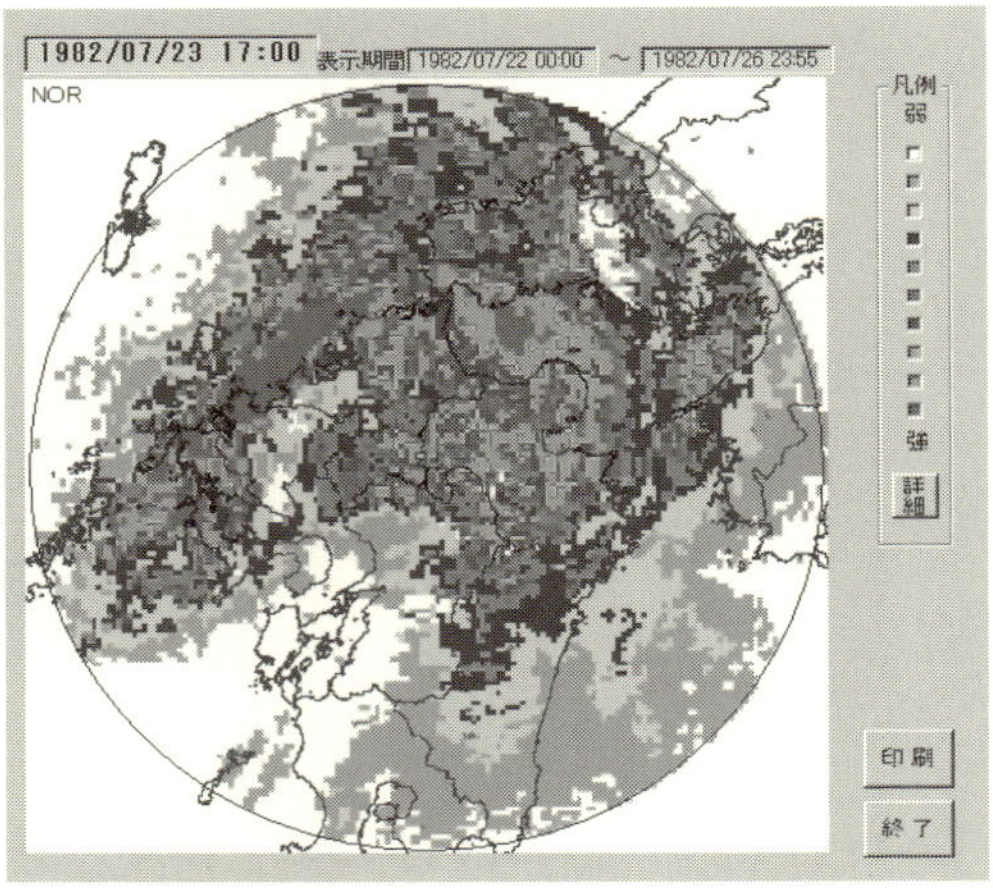

図1.6　1982年長崎豪雨の際のレーダ雨量計画像

速さで雨域が移動すると考えて大きく誤ることはない。

雨域の移動状況を見ていて、雨域がほとんど移動しないとか、雨域の連なりの方向とその移動方向とが一致して次々に移動していく状況が見えたら要注意である。

強い雨域が行列になって同じ方向に動いていくのは線状降水帯と呼ばれるものであって、この現象は１９９８年の栃木・福島豪雨、２００４年と２０１１年の新潟・福島豪雨、２０１４年の広島豪雨、２０１５年の関東・東北豪雨など大きな被害をもたらした豪雨の時にしばしば見られる。大きな被害をもたらした集中豪雨は以前のものも含めてこの現象によるものが多いのではないかと考えている。１９８２年の長崎豪雨の時には、栃木・福島豪雨や広島豪雨ほどに幅の狭い線状ではなかったが、大きな雨域が同じ方向からつぎつぎと長崎県に押し寄せてきて、やはり類似の現象であったと思われる。

雨域の移動速度が小さくて停滞しているのも、２００９年台風９号での兵庫県佐用町のように、同じ場所で雨が降り続いて総雨量が大きくなるので被害につながる。

④　累加雨量を見る

1時間当たり96ミリという強烈な豪雨であっても、5分間続いただけで降り止むのであれば8ミリメートルの雨量で、それが被害を引き起こすかどうかは微妙である。その豪雨は土石流が発生しそうなときには引き金になるかもしれない。また、道路の排水が間に合わなくて水たまりができるかもしれない。しかし、多少とも広い範囲に浸水被害を起こすかどうかと考えると、その可能性は低いと考えられる。なぜなら1時間に8ミリ降る程度の雨は年間に何回も起きているのであり、その地域の排水系統はそれよりも大きい水量を、特段に浸水など起こすことなく排水するようにできていると考えられるからである。自然河川の場合には、長年平均して1年間に1回生じるような流量に対応して河道が形成されており、そのような流量では平常時に水が流れているところからあふれ出ることは少ない。

このように、浸水被害を生じるかどうかは5分間とか、まして1分間の雨で決まるのではなく、流域の規模によって違うが、もっと長い時間降り続くことによって決まる。流域の規模によって決まるある長さの時間の間にどれだけの雨が降るかということで河川を流れる流量が決まるということは中小河川の治水計画によく用いられるラショナル式にも現れている。

河川や水路から水が溢れるという現象はその地点の水位によって決まることは言うまでもないが、水位は一般には流量によって決まるものであり、その水路を流れる流量はどの範囲に降った雨を集めているのかによって決まる。自分の頭の上、または目の前にどれだけの雨が降るか、水位が今どのくらいか、ということではなく、上流にどれだけの雨が、どのように降ったか、これから降るか、ということが重要である。この点が洪水予測と天気の予測との違いであり、洪水予測の一番の特徴であり、留意点である。今まで降った雨が合計してどのくらいになったか、累加雨量を見るときも上流の集水域にどれだけ降ったのか注目しなければならない。

累加雨量は洪水被害と関係が深い重要な情報であるが、集水域の規模によってどのくらいの長さの時間について累加するのが良いか違ってくるので、情報画面としては提供されていないようである。時々画面を見て同じ場所に強い雨が継続して降っていないか確認する必要がある。

⑤ レーダと地上の対応 ——降雨強度

瞬時値の表示を見ていて、こんなに強い雨域が表示されるのはレーダがおかしいのではないか、という疑問が出されることがある。レーダ画面では1時間あたり80ミリとか100ミリとか、日常ほとんど経験しない強い雨がしばしば表示される理由は主として二つある。

一つは、地上雨量計が強い雨を取り逃している疑いがあることである。

強い雨は積乱雲が発生したときに観測されることが多いが、積乱雲の大きさは直径が5キロメートル程度とされていて、地上雨量計の観測の網の目から漏れてしまうことが考えられる。関東北部で地上雨量計で非常に強い雨が観測されたので、何かの異常ではないかと考えてレーダ雨量計の画像を見たところ、はっきりと強い雨域が映っていて、しかも近隣の地上雨量計にはかかっていなかったことがある。

地上雨量計の網の目は、よく知られた気象庁のアメダス観測所の場合、東京観測所の隣の観測所は直線で約15キロメートル離れた練馬観測所であり、積乱雲がその間をすり抜けることは十分可能である。国土交通省水管理・国土保全局の観測所は一級水系の流域で高密度に設置されているが、それでも50平方キロメートルに1箇所、互いの距離は7キロメートルほどである。近年は都道府県の観測網が増強されてきたので、地上雨量計でも強い雨をとらえることが多くなってきた。気候変動によって豪雨が増えたとされるが、観測網の整備があって、今までとらえられなかった強雨がとらえられるようになったことものように感じる一つの要因と考えられる（実際は観測密度による補正もされている）。地上雨量計でも過去に無かったような時間雨量がしばしば観測されるようになって、レーダ雨量計が異常な値を出しているのではないかという疑いは減ってきた。

レーダ雨量計が異常な値を示していると疑われる二つ目の理由として、雨域が動いているので、地上ではなかなかそのように大きな雨量が観測されないことがある。強い雨域が地上の雨量計にとらえられても、強い雨域が移動すると地上雨量計は弱まった雨しか観測しなくなり、1時間雨量としてはあまり大きくならないことが考えられる。実際には非常に強く降っていて、レーダ雨量計は正しく表示しているのであるが、地上雨量計はその状況を正しく表示しないことがあるということである。傍証として、1998年8月の栃木・福島豪雨（那須豪雨）の際に国土交通省大沢観測所で観測した10分間雨量の推移を示す。

図1・7で「レーダ至近値」とは、地上雨量計真上のメッシュを含む9つのメッシュで観測されたレーダ雨量のうち地上雨量計の観測値に最も近い観測値を示したメッシュの値を仮に名付けたものであり、南東メッシュとは真上のメッシュの南東に位置するメッシュでのレーダ雨量値である。地上雨量計の真上のレーダ雨量値と地上観測値とは対応なく変動しているように見えることもあるが、その周辺では近い値が観測されていることがわかる。また、レーダ雨量計によると平面的にも降雨分布が大きく変動していることが示されるが、地上雨量計では時間変動の大きさがわかるとしても、平面的な分布の変動はわからない、という状況も理解できよう。

大沢は那須豪雨で最大の雨量を観測した観測所であり、10分間雨量の最大値は30ミリにも達してい

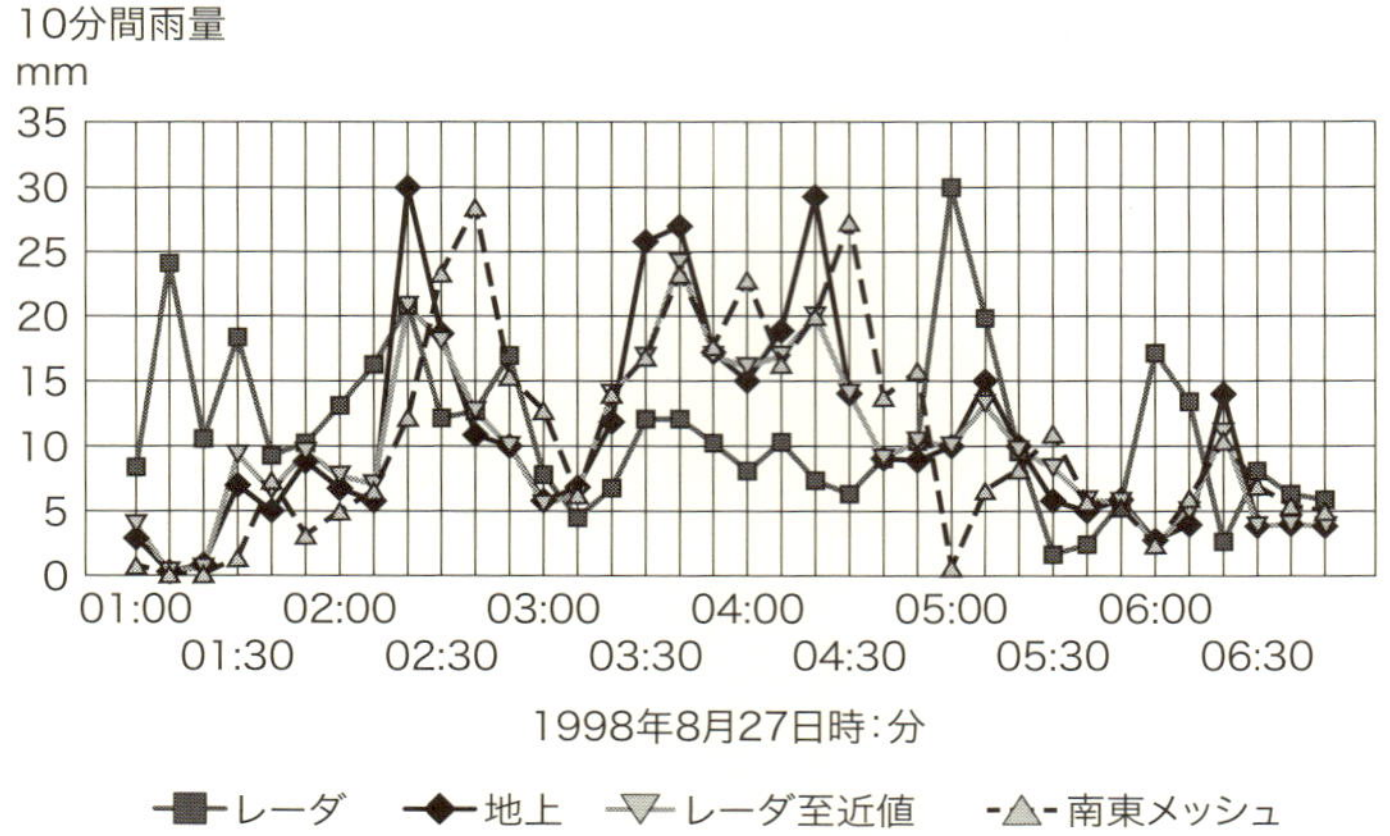

図1.7　那須豪雨における大沢観測所周辺メッシュの10分間雨量

る。これは1時間あたりでは180ミリというとんでもない値である。それが1時間続いたわけではないが、1時間雨量でみても最大値が100ミリを超えた。その時大沢観測所を含むメッシュのレーダ雨量値もやはり大幅に変動しているが、レーダによる10分間雨量の最大値は地上観測所の10分間雨量最大値に及ばなかった。このように、地上雨量計観測値の方がレーダ雨量値よりも降雨強度が大きく変動することが現にあることが分かる。しかし、レーダ雨量計は5分間の観測値を表示させることが多いのに対して、地上雨量計は一般に1時間の雨量、いいかえれば1時間にわたって平均した値を表示させることが多いので、レーダ雨量計は非常識な値を示す、というように受け取られることが多かったのではないかと考えられる。現在ではほとんどの地上雨量計で10分間の観測が行われデータも配信されているが、画面表示では1時間ごとに表示させる方が豪雨の程度を判断しやすい。なお、栃木・福島豪雨の当時大沢観測所では1時間単位のデータ伝送しか行われておらず、このデータは、現地の記録紙から読み取ったものである。

⑥ レーダ観測値と地上雨量計の観測値との位置関係

レーダ雨量計が示すのは上空に存在する雨滴の量であり、それが地上の観測値と一致するかどうか、という問題がある。レーダ雨量計と地上雨量計とは、測っている場所と、測っている対象が違うということに加えて、上空の雨滴が風に流されて真下に落ちてこないのではないか、という問題もある。第2章で解説するが、従来型のCバンドレーダの場合、空中の雨滴から反射してきた電波の強度だけから降雨強度を求めているが、降雨の成因などによって雨滴の粒径分布が違ってくることから、同じ電波強度に対応する降雨強度が大きく異なるのでレーダだけでは降雨強度が決まらない。地上雨量計の観測値を用いて調整しなければならないということがあって、試行錯誤の末、地上雨量計とレーダが出す値でレベルが合うようにしており、これをキャリブレーションと呼んでいる。XRAINの場合には第2章に示すように、測定原理が違っていて、リアルタイムに地上雨量計による補正をしなくても降雨強度の値が求められるとされる。

1.4 突発的な集中豪雨時のレーダ雨量計観測状況

以下では近年の豪雨時に観測されたレーダ雨量計画像をもとに、危機が迫っているときのレーダ情報の活用について考察する。資料は筆者が解析したもののほか飯塚秀次・関沢元治の報告*05を多く引用

*05 飯塚秀次・関沢元治「レーダ雨量計の捉えた豪雨災害」平成21年度河川情報シンポジウム講演集、2009年

している。

(1) 2008年7月神戸市都賀川の水難事故

2008年7月28日に神戸市を流れる都賀川（とががわ）で、急激に水位が上昇したために5人の人が亡くなった。

都賀川水難事故は、最高水位が洪水予報の水防団待機水位を5センチ超えただけだった。通常の水防体制では洪水と認識されるかどうかという水位上昇であったのに起きた事故であり、その防止のため通常の洪水予測の手法を応用して、適時に警報を出すことができたかどうか疑問である。都賀川の水難は、水防団待機水位ぎりぎり、いいかえれば河川の洪水対策からは洪水と呼ぶかどうかという程度の水位上昇で、その程度の水位では氾濫などは起きないが、水深と流速から見るとその中に人が入ると抵抗するのは不可能であることは実験からも明らかになっている。

水防団待機水位ということは、ほとんど毎年のようにそれ以上の水位になっているはずであるが、普通であればもっと前から雨が降って水位が上がっていて、そこに人が入っているということはないと考えられる。急激な水位上昇を予測しなければならないが、地上で降雨が観測されてほとんど間を置かずに水位が上昇しているようである。しかも地上雨量計のデータを収集するのに無線を使う場合、観測後数分間かかる。都賀川の流域に地上雨量計は配置してあったが、そのデータを処理して河川敷にいる人たちに退避を呼びかけ、実際に退避するまでに鉄砲水が到達してしまうことになる。ぜひとも降雨予測をしたいところであるが、地上雨量計では降雨直前まで0ミリという観測だったのだから地上雨量計では不可能である。

レーダ雨量計であれば可能であると考えられる。

都賀川流域に雨が降る前、兵庫県中部では東西に延びる強い雨域が観測されており、しかも南に移動していた。この動きから、ある時間たてば都賀川流域に雨が降り始めることは予測でき、退避もできたと考えられる。

狭い流域ではその中で降雨が観測されてからでは間に合わない。流域の近くに雨域があることがレーダ雨量計で観測されたら直ちに警報を発する。予測したよりも弱い雨だったとしても、対応として要求されるのが河川敷から退避するだけということであれば、いわゆる「空振り」も許容されると思われる。それでも「空は晴れている」という利用者には、レーダ雨量計画像で雨域がすぐ近くに来ているのを見てもらえば納得を得られるであろう。

都賀川は小河川であるので降雨から出水まで時間の余裕が少ないが、河川敷も狭いので利用している人にサイレンやラウドスピーカーで警報を伝達し、退避してもらうのも容易であろう。２０１３年１月時点で、都賀川には河川敷への降り口に警戒をうながす看板が設置され、川を横断して電光文字警報板もあり、音声警報も行われているようであった。この警報は大雨洪水注意報などが発表されたときに行われるもので、直接にレーダ雨量計を情報源としているものではないようであるが、今後は人命にかかわる事故は起きないものと期待される。

河川（集水域）の規模が大きいほど河川敷も広いので、警報を伝達し、退避するのも時間がかかるが、そのぶん上流で雨が降ってから水位が上昇するまでの時間が長くなるので河川敷での水難事故を防

図1.8　都賀川水難事故現場に設置された電光掲示板、警告灯と警告看板

ぐのも時間の余裕があろう。いずれの場合も、河川敷は洪水の通り道であることを利用者に理解してもらう必要がある。

都賀川で急激に増水する「鉄砲水」が発生したのは、7月28日の14時40分ころであるが、13時ころには神戸市の北方、都賀川流域から約20キロメートルの三田市付近では帯状の降雨域があって、発達しながら南下していた。14時15分にはさらに発達して都賀川流域から10キロメートルのところまで近づいている。14時30分には雨域が流域の上流端にかかり、14時40分には全域を覆った。その後は弱まりながら南下して流域を外れていった。（関沢元治によるレーダ雨量計画像の記録・解析を用いた。）

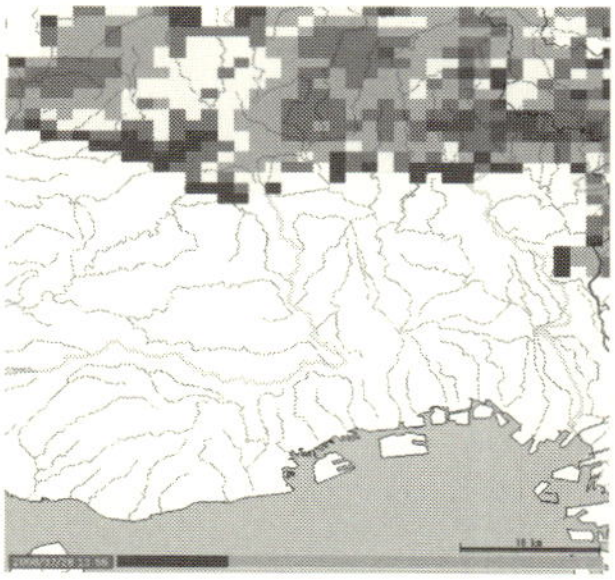

(a)　13時55分

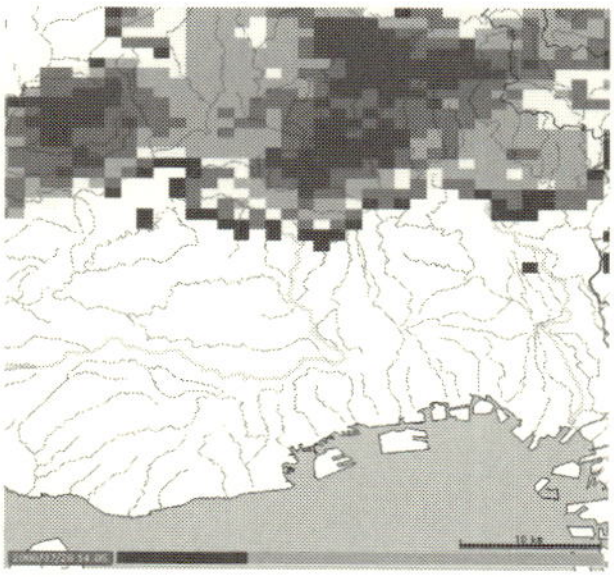

(b)　14時05分

図1.9　都賀川水難事故の約30分前のレーダ雨量計画像　雨域が南に動いてきている（関沢による）

この雨域の移動状況を解析することによって、都賀川流域に鉄砲水が出ることを予測できると考えられる。

雨域の発達（と衰退）は気象力学の方程式を解く必要があるため、都賀川という具体の、しかも小さい流

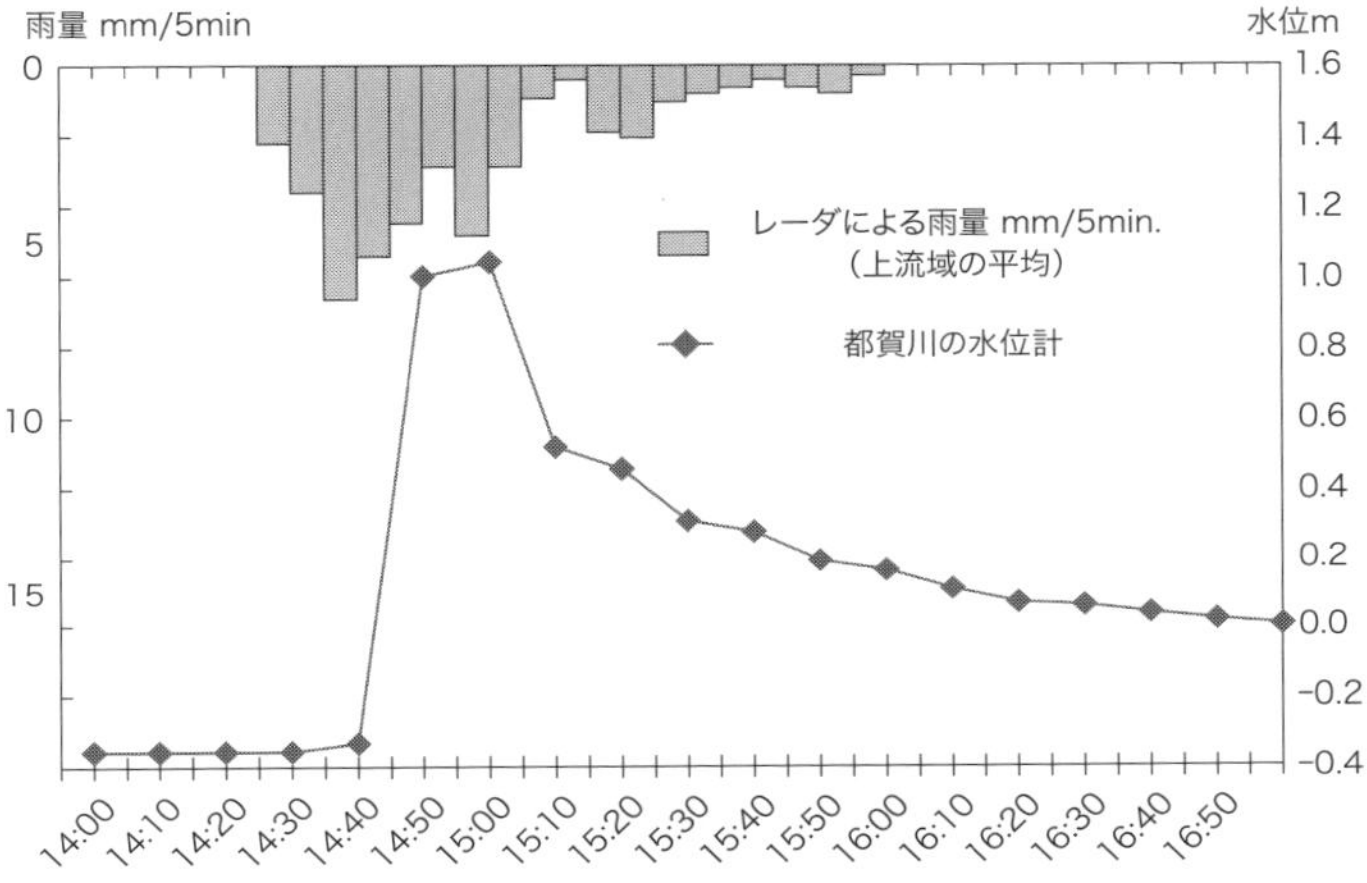

図1.10　都賀川流域の降雨と下流水位の上昇

域に適用するのは困難である。

これに対して、運動学的方法というのは、ある図形（物体）の位置・移動速度・回転速度・加速度を解析するだけで、そこに働く力を考慮しない方法であるが、短時間予測には有効である。

5分ごとのレーダ雨量計観測値から流域の平均降雨強度を求め、これを事故地点に設置されている水位計の読み値と時刻を合わせて描いたのが図1・11である。

流域の中の降雨は14時20分まで0・0㎜、14時20分〜14時25分の5分間に0・1㎜、14時25分〜14時30分に2・1㎜、となっているので14時30分までの15分間雨量を2・2㎜として14時30分の水位−0・38ｍに対応させている。同様に14時40分までの15分間雨量を12・2㎜、14時50分までを16・2㎜と求めた。水位は10分ごとの観測で、14時40分にマイナス−33㎝、14時50分には一挙に1・01ｍと、10分間に1・34ｍも上昇している。

このときの流速は藤田一郎が、現場に神戸市が設置していたビデオカメラの映像を解析して、表面で毎秒約5メー

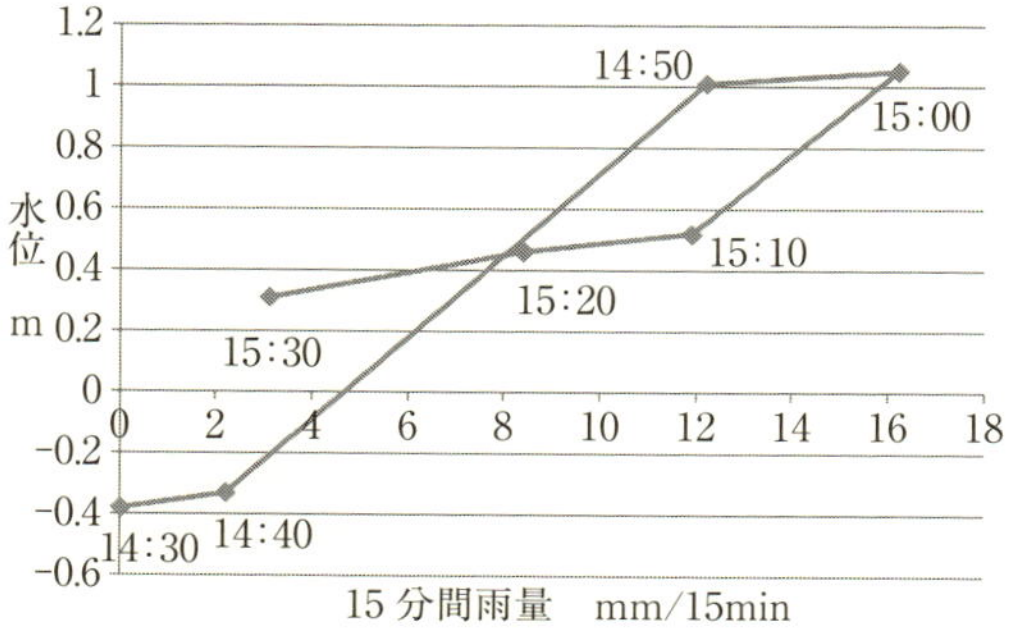

図1.11　15分間の流域平均雨量と水位との関係

トルと推定している*06。もうこれは、人も何も突き飛ばされるような水深・流速である。

須賀堯三らは、水中歩行の安全性について研究して、流速が毎秒1・05メートルのとき、ひざまでの水深であれば成人の場合なんとか歩行できるとしているが、それ以上の流速・水深ではあまりに危険であるため実験していない。

事故が起きたときの都賀川はこれよりも比較にならないくらいに危険であって、一時も早く河川敷から出るべきであった。

図1・11を見ると、レーダ雨量計によって上流の降雨を観測したら、直ちに警報を発することにすれば避難する時間は取れるようである。また、上流の降雨強度と下流の水位はほぼ対応しているようである。図によれば、15分間に何ミリメートル降ったかという値を求めれば下流の水位とよく対応している。

このように、上流の雨量から下流の最高水位を求めることは、上野已熊によって筑後川で行われた方法である。雨量から流量を求め、流量から水位を求める方法とは異なるが、意味のある方法である*07。

*06　藤田一郎「事故概要および流況，ピーク流量の推定　2008年7月28日突発的集中豪雨による都賀川水難事故に関する研究」河川環境管理財団河川整備基金助成事業報告、2009

*07　野満隆治「増訂　新河川学」、地人書館、1959、p.155

都賀川の場合、雨域が流域にかかってから15分間雨量を求めていたのでは警報の伝達と、実際に人が退避するのに要する時間を考えると間に合わない。流域に雨が降り始める前に、ある程度の水位上昇があることを予測できなければいけない。ただし、その精度はそれほど高いものでなくてもよいであろう。

都賀川には河川敷の中に遊歩道があって利用者が多いのであるが、遊歩道が浸かる程度に水位が上昇するかどうかを予測できればよく、遊歩道が何センチメートル浸かるかどうかは問題にならないと考えられる。遊歩道が浸かる程度に水位が上昇するから河川敷から外に出るように、という警報を発することとして、水位がそこまで上昇しないで「空振り」に終わっても、それはそういう可能性もあったからだ、と利用者に理解してもらえばよいと考えられる。

予測の技術を向上させれば、あと3分間長く遊歩道にとどまって散歩していてもよい、という予測もできるであろうが、そういう「予測精度の向上」は必要ないであろう。この場合、遊歩道を3分間長く歩くという便益と、生命を失うかもしれないリスクとの比較は容易であろう。もっと難しいリスクと便益の比較もあると思われるが、洪水予測の精度向上を図るとき、便益とリスクの比較は欠かせない。

都賀川水難事故の後、政令指定市などにXバンド・マルチパラメータレーダのシステムが整備され、XRAINとして運用されている。京都大学の中北英一らは都賀川水難事故をもたらした豪雨のレーダ画像の中に「豪雨の卵」が存在することを見いだした。XRAINでは同時に多くの観測項目（マルチパラメータ）を高い解像度で観測しているので、豪雨の発生・発達・移動を予測することに成功しつつある。

（2）2008年7月の東京都大田区呑川の場合

第1節でふれたように東京都の呑川の場合には、上流がトンネル河川になっているのでどこが集水域かわかりにくい。そして都賀川水難事故の時と同様に、上流で雨が降っているのに事故現場では雨が降っていないという状況であった。ますます上流のことに注意が向かなかった可能性が高い。

難しい状況であるが、河川に限らず水路の中で作業する人、その安全管理者に対して、この河川や水路を流れる水はどの地域に降った雨が流れてくるのかを説明し、作業中には上流域、さらにいえば流域外の降雨状況をレーダ雨量計によって監視することを励行してもらうほかよい解決策はないと思われる。

安全管理が重要になって、工事現場に雨量計が設置されていることも多いが、定性的には人がそこに立っているだけで雨が降っているかどうかはわかる。降雨の監視ということでは上流の集水域に降る雨を、降り始める前から予測するためにも、レーダ雨量計を活用すべきである。

およそ河川や水路の中でレクリエーションや工事などの活動を行う人は、その河川、その水路の上流がどこに存在するのかをあらかじめ知っておき、レーダ雨量計で集水域、そして集水域の近傍に雨域が存在しないかどうか注目しておくことが必要である。レーダ雨量計の監視は、人が行うのではなく、自動プログラムで行うことが実際的であろう。その場合常に関東地方全域というような広い範囲を監視する必要はなく、雨域の移動速度をあらかじめ想定して、退避に要する時間から集水域の境界からどのくらい離れた範囲に雨域が存在するかを見ていればよいであろう。雨域の移動速度は自動車の速度と同じ程度のものであるが、自動車は道路をたどってしか進めないのに、雨域は地図の上を直線的に進むこと

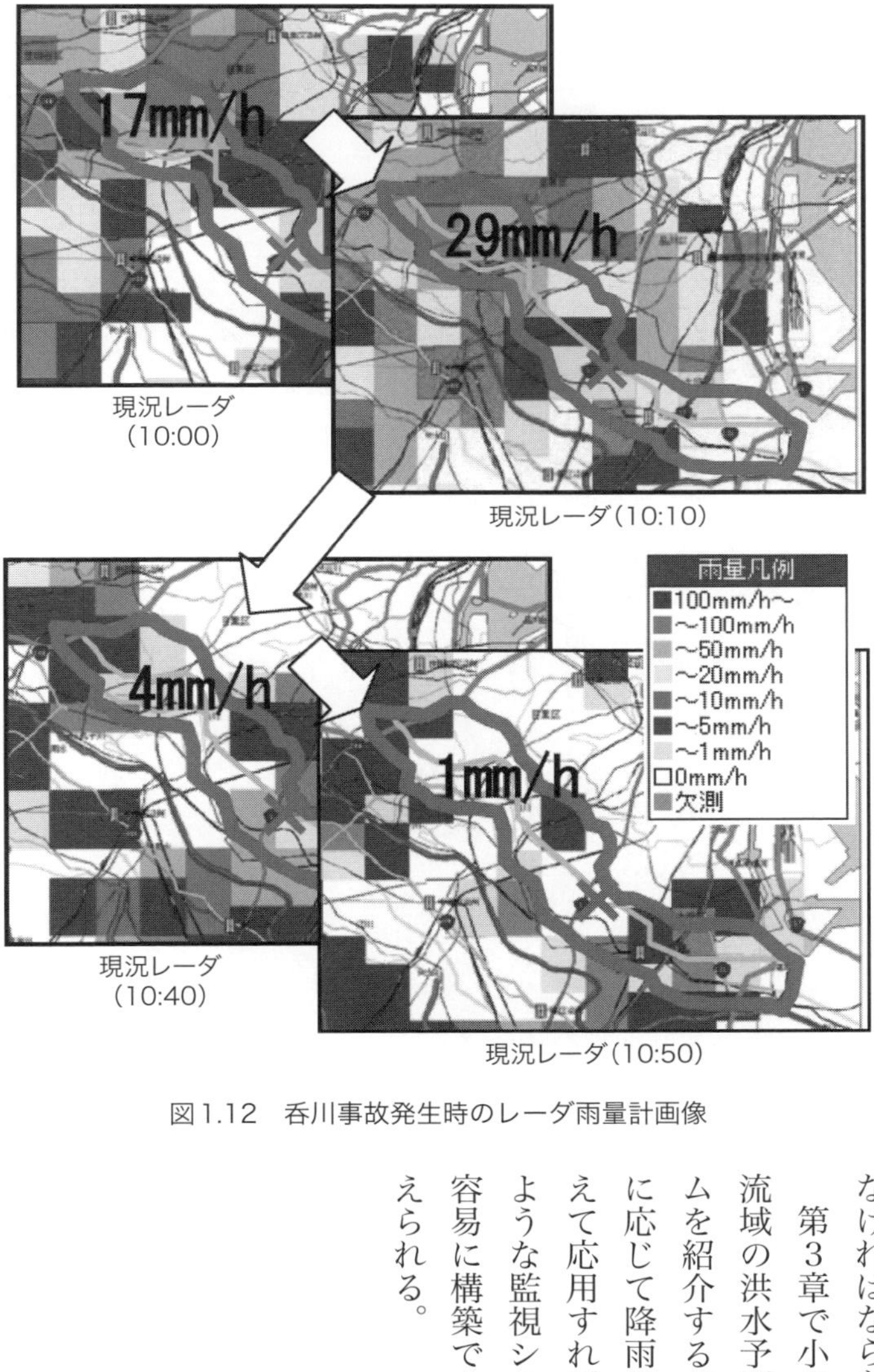

図1.12　呑川事故発生時のレーダ雨量計画像

ができることに注意しなければならない。

第3章で小さい河川流域の洪水予測システムを紹介するが、必要に応じて降雨予測を加えて応用すれば、このような監視システムは容易に構築できると考えられる。

1.5 線状降水帯など長時間続いた豪雨の観測

豪雨が長時間にわたって降り続くときにはおのずと面的な広がりも大きくなるので洪水の規模、ひいては水害の規模も大きくなる。このようなときには、レーダ雨量計のメッシュごとの観測値を累加して地図上に表示すると、被害の広がりも推測できる。たとえば２００９年8月に兵庫県佐用町を襲った豪雨のような場合、佐用町に大きな被害が出ていることが推測されるので外部からの救援も的を絞ることができよう。

（1）１９９8年栃木・福島豪雨の例

１９９８年8月の栃木・福島豪雨では、栃木県那須町の役場付近国土交通省黒田原観測所を含むメッシュでは27日1時25分のレーダ観測で時間雨量０ミリメートルであったのに、直線距離で10キロメートルしか離れていない同町内の同じく大沢観測所を含むメッシュでは、同時刻までの1時間に5分間ごと観測値を累加した雨量が61ミリメートルと豪雨が降っていた。地上雨量計の累加値で見ても、８月26日21時から27日12時の間に、アメダスの那須観測所で４７３ミリ、大沢で４６６ミリを観測しているのに対して黒田原では１９４ミリと2分の1に満たなかった。この豪雨で那須岳を流域とする余笹川では大洪水となって、国道の橋が流されるなどの被害を引き起こした。

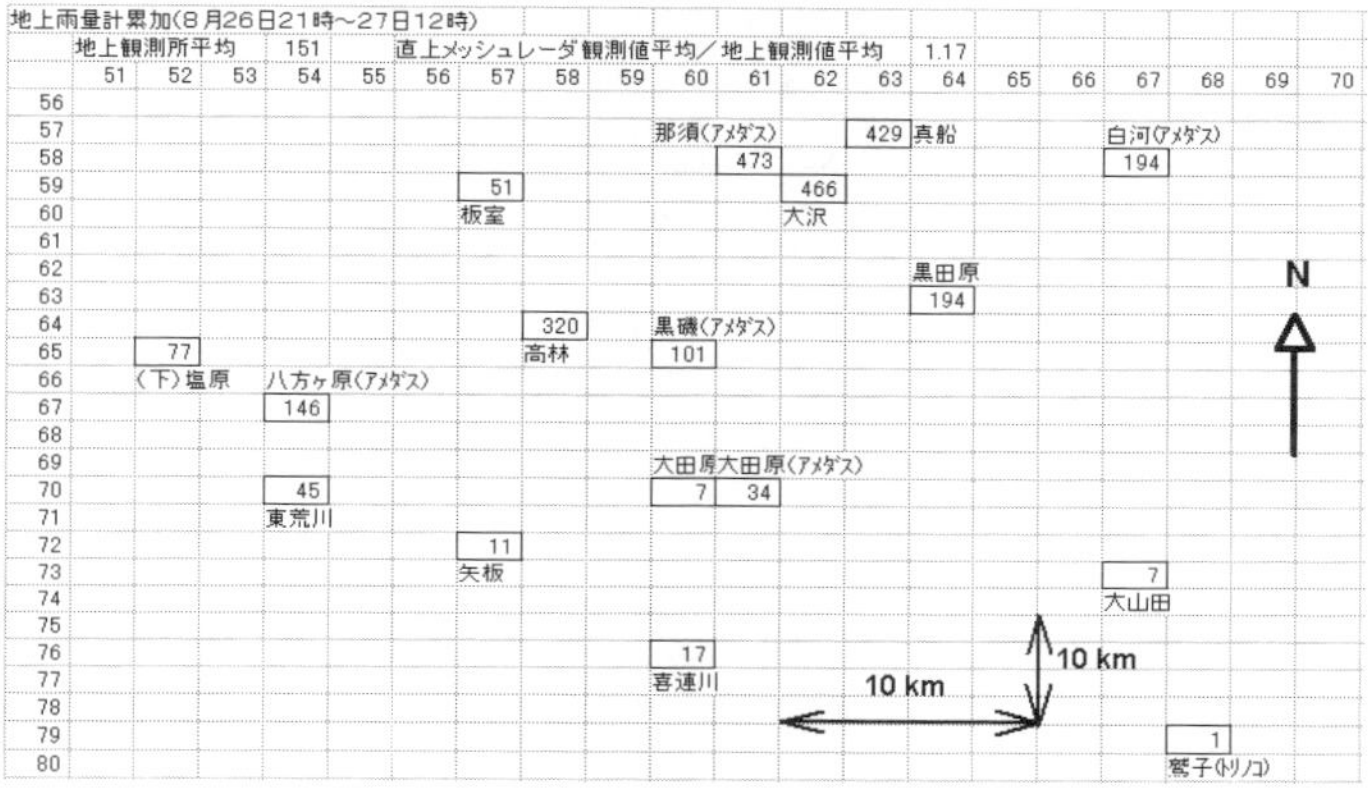

図1.13　那須豪雨での地上雨量計観測値　地上雨量観測所の観測値を真上のレーダメッシュの位置に表示してある。メッシュは東西・南北とも2.5km

図1.14　国道４号線余笹川橋被災状況

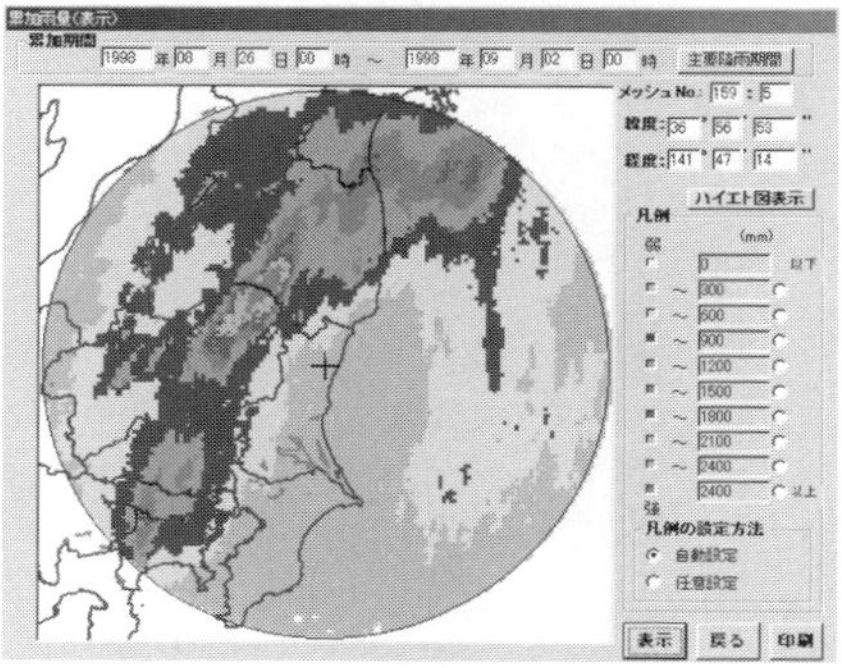

図1.15　栃木・福島豪雨でのレーダ雨量計累加雨量図

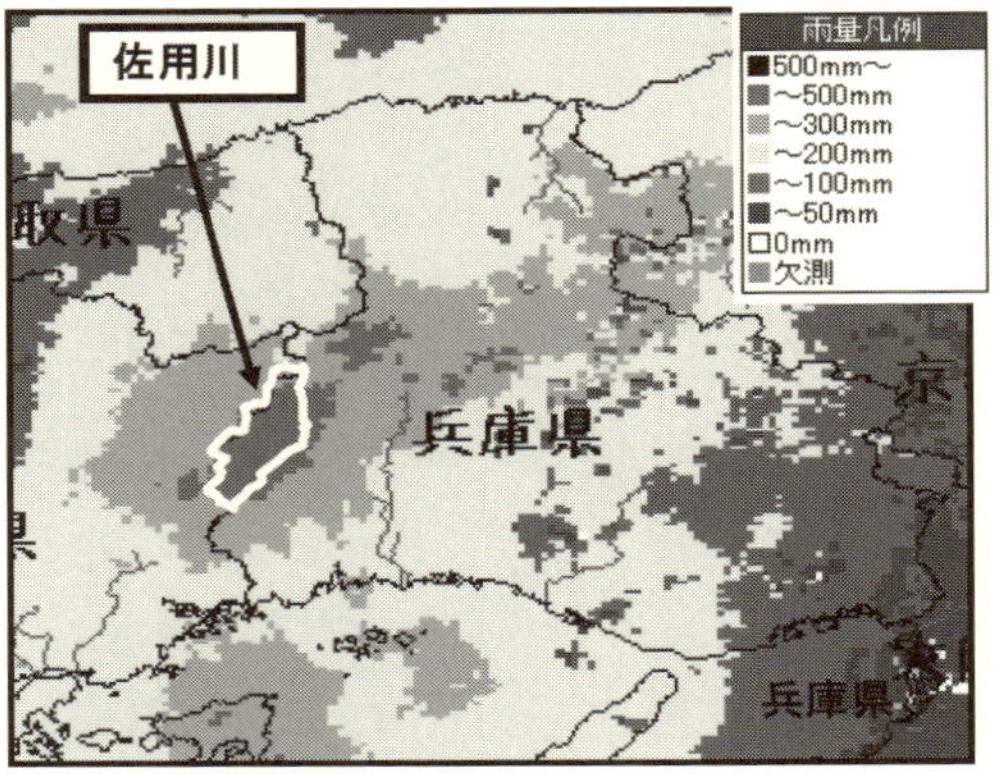

図1.16　2009年８月台風９号時のレーダ雨量計72時間累加雨量

(2) 2009年8月の兵庫県佐用町の場合

兵庫県佐用町は佐用川（さようがわ）の流域にほぼ一致する。台風９号では、72時間雨量が最も大きい区域がほぼ佐用川の流域と重なっており、佐用町としては予想もつかない雨であったと推察される。

異常な降雨現象が起きつつあることは、レーダ雨量計による累加計算をたとえばCバンドレーダの観測間隔に合わせて５分ごと、あるいはテレメータによる地上雨量計観測値の入電に合わせて10分ごとに行えばわかったかもしれないが、山間部に位置するので町役場から町全体の状況を把握することもほとんど不可能であったのであろう。人員の少ない町という単位で避難準備情報など各種の警報と避難勧告・指示を行うのは言うべくして行えないことであろう。地方整備局というような単位でコンピュータによる監視を行うのが現時点で最も実現性の高い解決策であると思われる。また、通信の途絶えた地区こそ最も救援活動を必要とするところと考えられるので広い範囲を担当する防災機関にとって欠かせない情報であろう。

佐用川に沿った佐用町の住宅に限らず、日本の多くの山間地では谷底に近いところに集落が立地しているのが普通である。谷底平野は数千年という時間の単位で考えれば、平常時は谷の底を流れる川が左右岸の崖から崖まで広がって流れることがあり、そういう大洪水が時として発生することによって現在の地形が成立していると考えられる。ハザードマップを作成すれば、平地の全域が氾濫区域となるものと推察される。そのようなところでは、重要構造物をできるだけ川や河川に流れ込んでくる渓流から離して立地させるなど、長期的な住み方に変えてゆくことが望まれる。人口が減少に向かう現在、それは現実的な対応であると考えられる。

(3) 2014年8月広島豪雨の例

２０１４年8月の広島豪雨で被害の大きかった広島市安佐南区の八木地区を見ると、１９２５年ころに住宅地などはほとんど山麓の平地に立地していた。１９６９年頃には鉄筋のアパートが建てられたが、渓流が山から出る付近は棟の間が広く開けられており、土石流に対する配慮があったのではないかと推察される。１９５０年の地形図では渓流の上流に崩壊地が見えないが、１９６９年の地形図には示されている。ただし、この崩壊地がその間に生じたものかどうかはわからない。１９８７年以降は家屋が渓流沿いに作られた道に沿って建てられるようになり、年とともに高くなって現行の地形図では標高70メートルの高所まで建てられている。

このようなところに線状降水帯による大量の雨が降ったのであるが、線状降水帯が発生してから避難することは極めて困難である。ひとたび豪雨が降り出すとよほど条件がよくないと避難できない。線状降水帯が停滞している中にいる人に正しい避難の方向を伝えることも困難であるし、自分自身が判断するのもまた困難である。筆者は、夢中で逃げて助かった、逃げた直後に土石流が発生して助かったという話も聞いたが、平素からどの方向に逃げればよいのか地形から把握しておくほかないと思われる。

広島市は平地が少なく、住宅地が高所に広がらざるを得ない状況にあるが、その中でも土石流に対する安全性を考えて立地制限を行う必要があると考えられる。

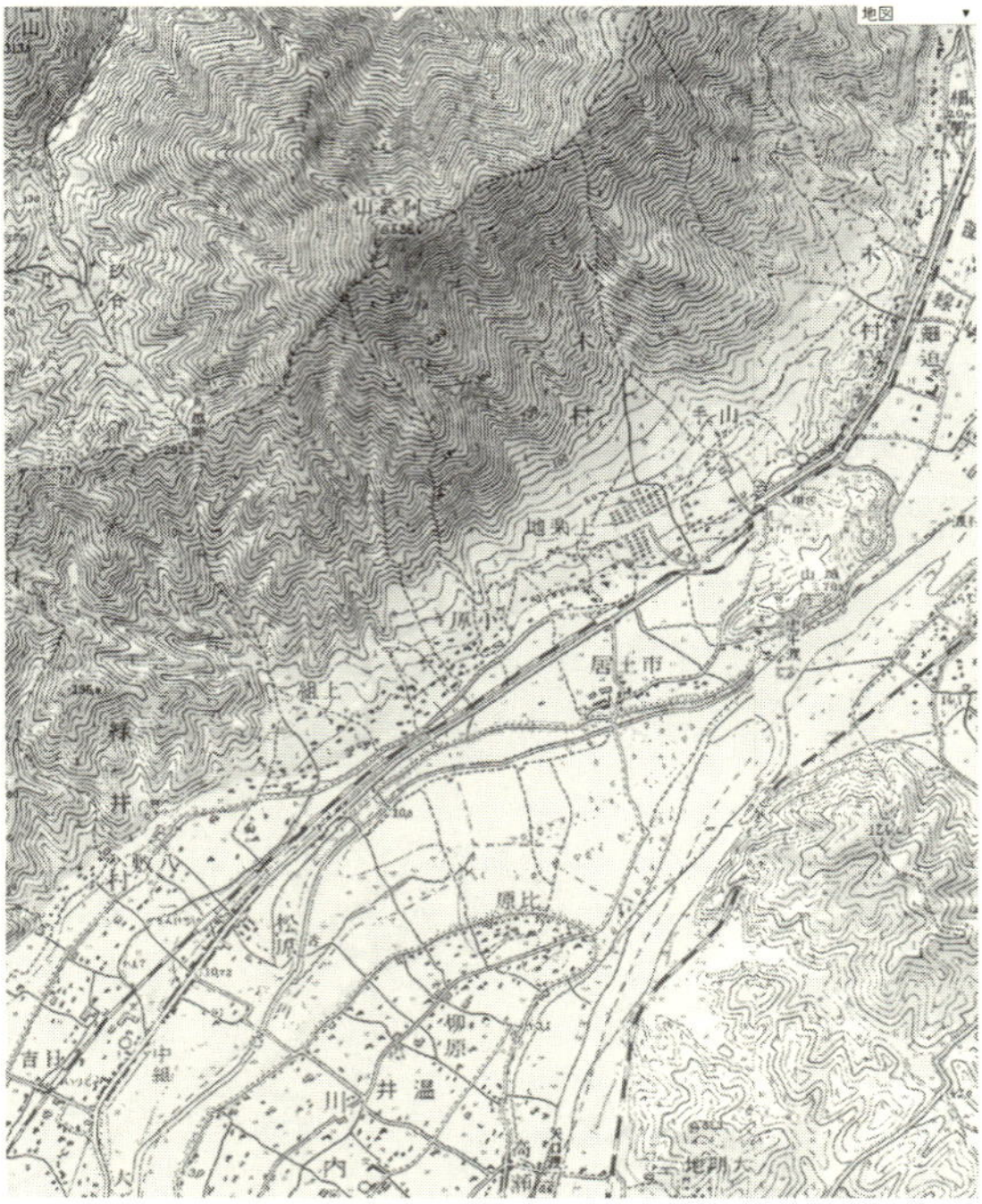

図1.17　1950（昭和25）年修整測図　広島市八木地区の状況

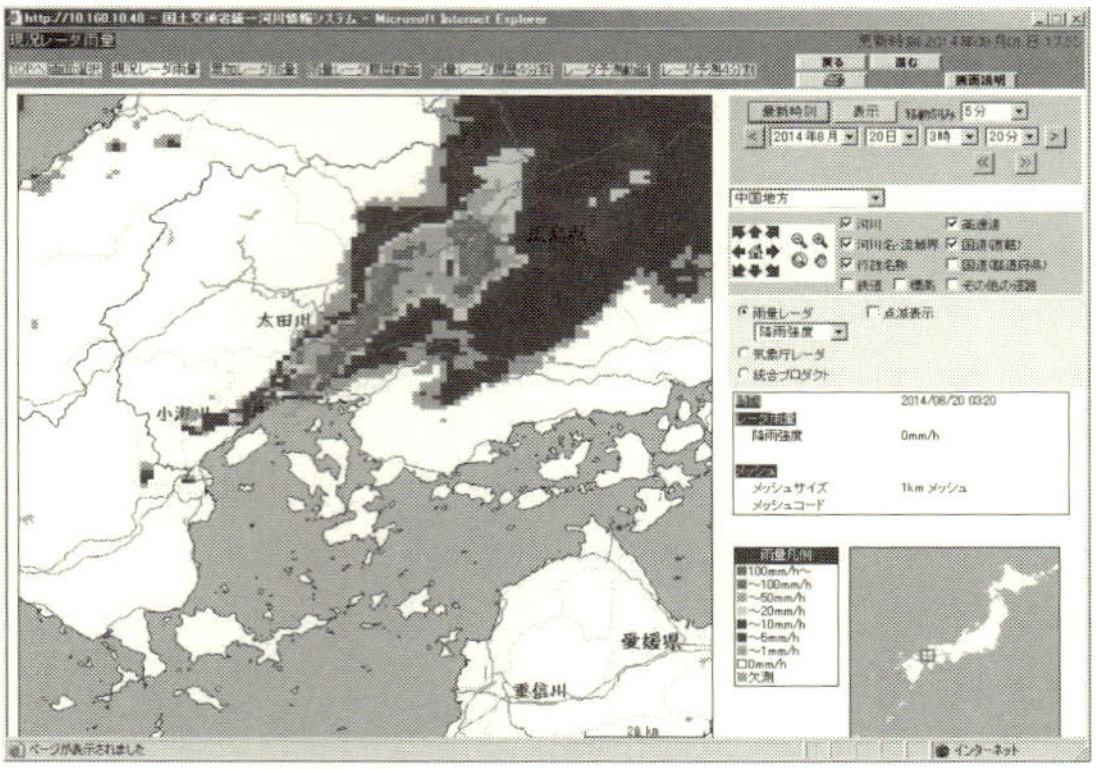

図1.18　広島豪雨のレーダ図

コラム　土砂災害の予測

土砂災害の予測は本書で取り扱っていない。その時までに降った降雨の総量（累加雨量）と直前の降雨強度が土石流などの発生に深く関わるとされ、気象庁によって土壌雨量指数の分布が発表されているが、「隣の渓流では発生しなかったのに、なぜこの渓流で土石流が発生したのか」という疑問は後から考えてもなかなか解けない。まして、目の前の渓流で今降っている雨で土石流が発生するかどうか、確実に予測するのは困難である。

いつか起きるとして、土石流が発生した場合にどの方向に流れるかは地形を見れば予測できる。土石流は大きな運動量を有するので直進する傾向がある。そして、流下する方向は谷の出口の方向に向いている。その方向に建物などを建てるのはまず避けるべきである。

広島市八木地区の土石流被害では、県営住宅がまず斜面に這い上がるように建てられたが、県営住宅は渓流の両側に距離を置いて建てられており、渓流を避ける意図があったものと推察される。その後、県営住宅が立地したことによって道路などが便利になったためであろうか、県営住宅の「隙間」にも住宅が立地し、2015年の災害ではその地区に土石流が流下して被害をもたらした。

広島市は人口が伸びる一方で平地が少なく、住宅地の需要が山側に向かったのであろうが、今後は人口圧力の減退が予測されているので、危険区域への立地を制限することもしやすくなるものと期待される。

防府市真尾の土石流災害においても、谷の出口に老人ホームが建設されていた。巨大な建物なので、少々の土石流では全面的に被災することはないと考えられる。亡くなった人たちは山側の1階に集まっていたが、山と反対側の2階に集まっていれば人命被害は無かったと推察される。

土地の条件に合わせて、建物を建てないようにするか、あるいは相応の配慮をして建てることによって人命被害を防止することが可能であろう。

土砂災害のうちでも深層崩壊と呼ばれる、基盤岩までもが崩壊する地すべりは予知が難しく、また対応が困難であろう。たとえば、台湾の小林村（北緯23度09分40秒、東経120度38分35秒）で2009年8月に発生した崩壊では小学校などを含む集落が完全に埋没してしまった。前後の航空写真をGoogle Earth（以前の画像を見る機能がある）によって見ることができるが、惨状には声も出ない。

2011年の紀伊半島豪雨でも多くの箇所で深層崩壊が起きた。これも前後の航空写真を見ることができるが、斜面としては崩壊していない部分の割合が大きく、

なぜ、ここが？

という疑問には正直言ってまだ筆者には答えが無い。土砂災害の予測について本文に書けなかった理由である。

2017年7月の九州北部豪雨でも多数の箇所で土石流が発生して多くの人が亡くなった。口絵に示したように、6時間の間に500ミリ以上の雨が降った区域と、国土地理院が調査・発表している「九州北部豪雨に伴う被害状況判読図」（http://www.gsi.go.jp/BOUSAI/H29hukuoka_ooita-heavyrain.html#9）で土石流が多発している区域とはほとんど重なっている。降雨と被害状況についてこのようなデータを蓄積してゆけば土砂災害発生の早期予測、ひいては避難によって命だけでも守ることができるのではないかと期待し、研究が進んでこの本を書き改めなければならない日が早く来ることを願っている。

第2章

レーダ雨量計の原理と特性

2.1 レーダ雨量計の原理

レーダ雨量計は、アンテナからセンチメートル波という波長が1から10センチメートルの、英語ではSHF（Super High Frequency）と呼ばれる電波を発射して、空中の雨滴からはね返ってくる（後方散乱という）電波を受信し、解析して雨滴の存在と量を推定するものである。雨滴を捉えるためには周波数が約5・3ギガヘルツ（波長約5・7センチメートル、Cバンドという）の電波か、約9・7ギガヘルツ（波長約3・1センチメートル、Xバンドという）の電波を用いる。

電波は連続して発射されるのではなく、パルスの形で発射される。従来型のレーダでは5ギガヘルツとか9ギガヘルツという電波が2・5マイクロ秒発射されるのを1パルスとして、1秒間に260パルス発射される。（後で述べるマルチパラメータレーダではもっと複雑であるが、細部は省略する。）パルスとして発射された電波は近くの雨雲（の中の雨滴）によって反射された電波パルスがまず戻ってきて、遠くの雨雲から反射された電波パルスがその後で戻ってくる。アンテナから発射されてどのくらいの時間で戻ってくるか、ということから距離がわかる。パルスとするのは、電波を連続して発射したの

60 キロも遠くの
雨粒の動きが
わかるんだって

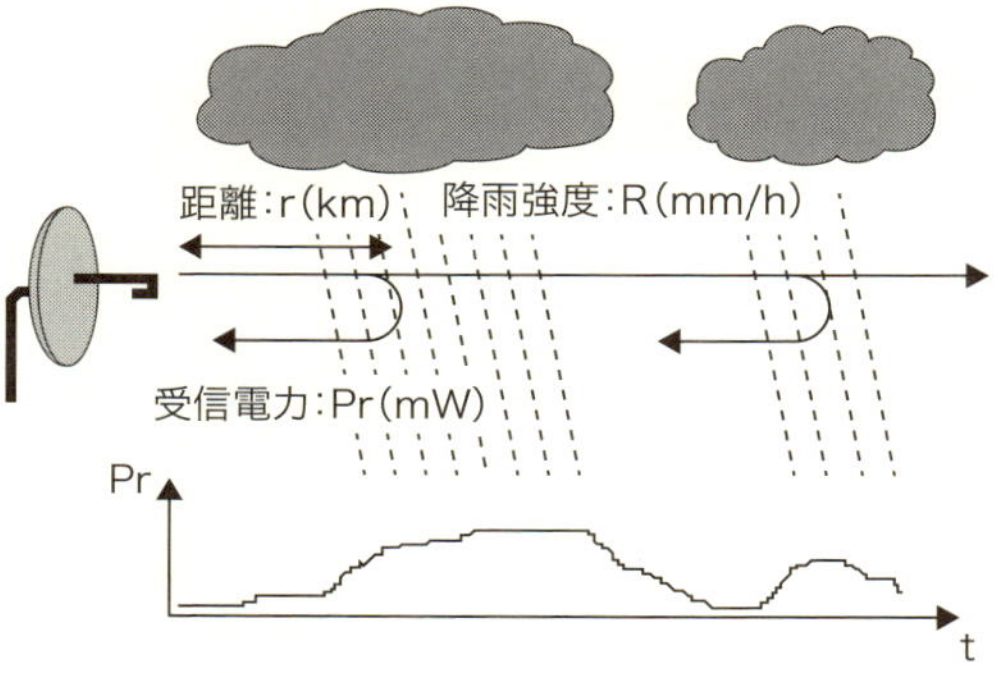

図2.1　レーダ雨量計による観測の概念図（河川情報センターのHP所載の図に加筆）

ではいろいろな距離にある雨雲から戻ってきた電波が混じるので距離がわからなくなるからである。

こだまにたとえると、太鼓をドンとたたいた後、何秒後にこだまが返ってくるかということから向こうの山腹までの距離がわかるのであって、太鼓を連打していたのでは距離がわからないのと同様である。

電波の波長（周波数としても同じこと）が違うと雨雲の中を電波が進行するときに強度が弱まる程度などに差が出る。Cバンドの方が減衰しにくいので、レーダ雨量計から約３００キロメートルの範囲を観測することができる。Xバンドの電波は減衰の程度が大きいので80キロメートル程度までにとどまる。一方で、波長が短いと小さいアンテナでも発射した電波を細く絞ってピンポイントの観測をすることができる。

電磁波は、波長によって雨滴とのかかわりで特性が違う。周波数約5ギガヘルツまたは9ギガヘルツの電波を発射することによって空中の雨滴からはね返ってくるのを検知することができる。雲は半径が１００ミクロン以下の氷の粒がただよっているものであるが、レーダ電波は雲粒にはほとんど反応せず、直径が０・１ミリ以上である雨滴には反射されるので、降雨観測に適している。空が曇っていても雲の中に雨滴がなければ雨は降らず、雨滴がないとレーダ画面には何も映らない。雨滴からの反射を捉えるためには５とか９ギガヘルツというよりも広い周波数範囲でもよいが、周波数の割り当てからこの範囲の電波が使われている。電波がもっと低い周波数、たとえばＦＭ放送に用いるＶＨＦの場合には雨滴があっても通り抜けてしまって降雨観測ができない。逆に可視光線などもっと周波数の高い電磁波は雲を通り抜けられないのでレーダ雨量計にならない。たとえば、気象衛星ひまわりの、２０１６年10月10日13時ころの可視画像では関東地方が白い雲に覆われているのが見える。一方レーダ雨量計では関東

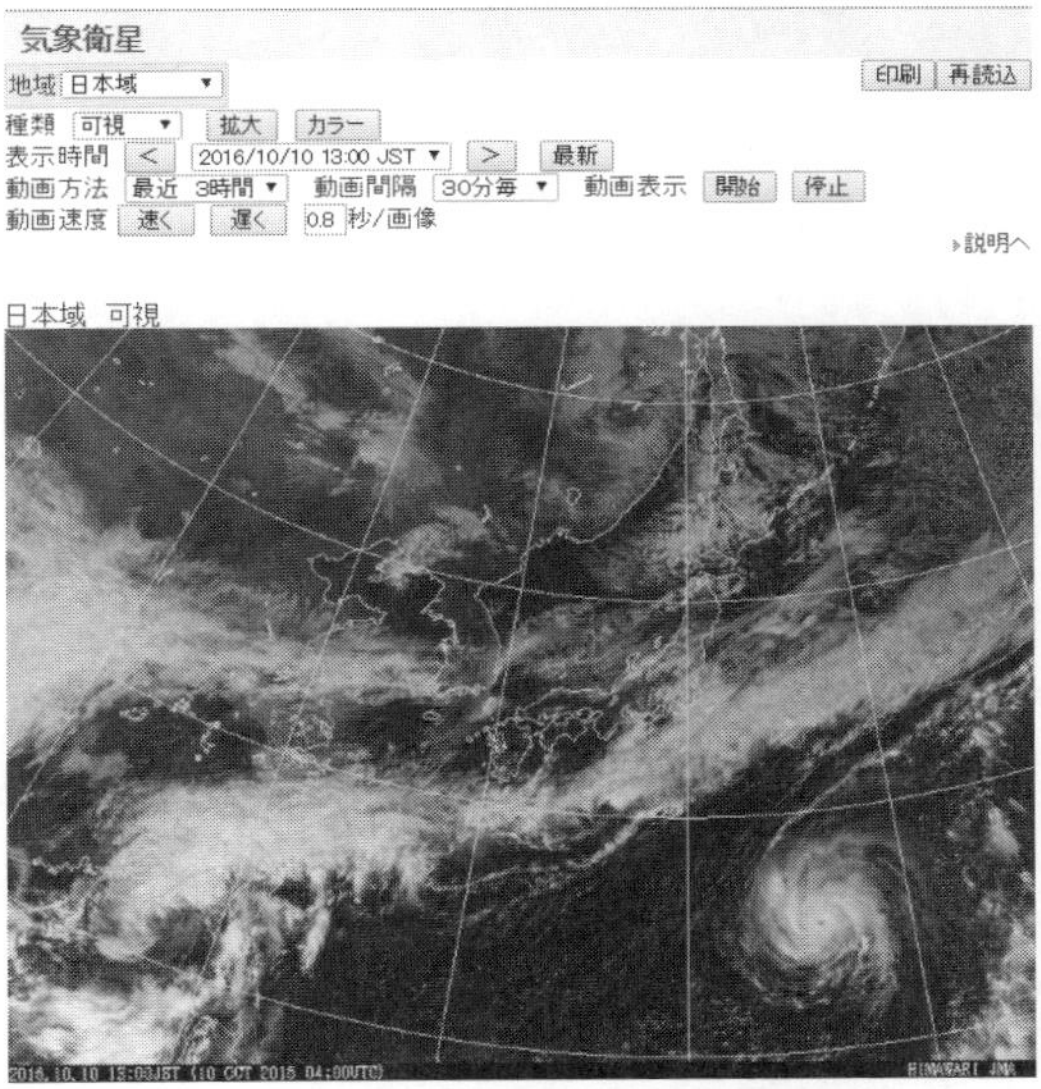

(a)　可視画像（気象庁HPから）

(b)　レーダ画像（Cバンド）

図2.2　使用する電磁波による雲の見え方の違い

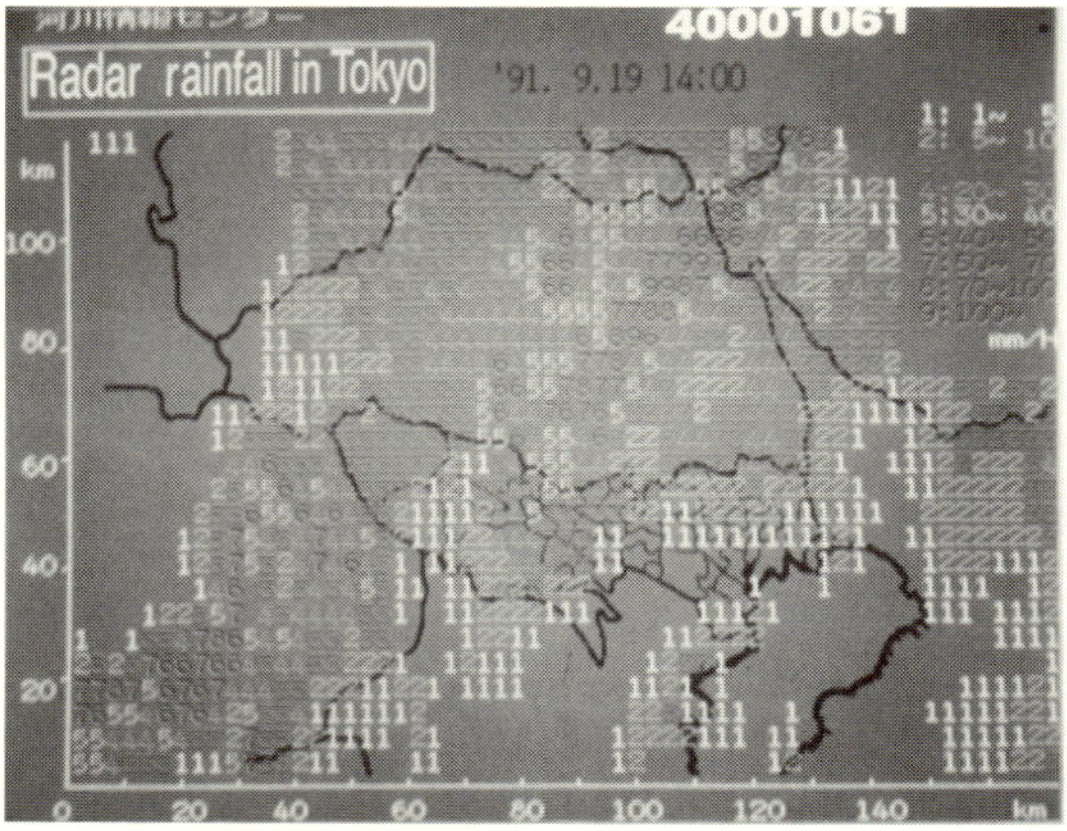

図2.3　初期のレーダ画像の例（公開用キャプテン画面）

地方に何も写っていない。これは空がくもっていたけれども地上で雨が降っていなかったこととよく対応している。雲の粒子には反応しないで、雨粒を捉えることができることが、波長が5・7センチメートルとか3・1センチメートルと、センチ波と呼ばれる電波を用いている理由である。

１９９９年まで稼働していた気象庁の富士山レーダは、Ｓバンド（周波数２～４ＧＨｚ、波長7・5～15㎝）と呼ばれるもっと波長の長い電波を使って８００キロメートルまで観測するという特性であった。８００キロメートル先では、電波の中心軸が地上から10キロメートルとなるので台風の雨雲の頂上部しか見えないことになるが電波が多少広がることもあって、海上はるか遠方の台風や前線を観測できるという長所があった。

レーダサイトでは1つのパルス電波を発射した直後に送信用アンテナを受信用アンテナとして反射電波の受信を開始し、雨滴から反射されて返ってきた電波の強度（電力値）やその他の計算を行う。毎秒２６０パルスで観測するときにはこれを1秒間に２６０回繰り返さなければならないので、受信機や計算機の性能が低い時代にはあまり複雑なことができなかった。受信する電波の強度だけを測定するもので、観測メッシュも3キロメートル程度であった。

この画像を多数のユーザーに提供するのも、精細な画像を表示するためには通信速度が遅すぎるので、図2・3のように、色つきの数字をタイルのように並べて表示するという工夫がされた。レーダ技術の向上と計算機の進歩とがあいまってXバンドのマルチパラメータレーダでは250メートルという細かいメッシュサイズについて多数（マルチ）の観測結果（パラメータ）が得られるようになった。データ量も大きくなったが、通信技術の発達がなかったらやはり実用化できないものであった。従来型のCバンドレーダも更新に合わせて高解像度マルチパラメータ化されつつある。

ただし降雨予測のためには、予測しようとする現象のスケールに対応して適切なメッシュサイズがある。たとえば台風の移動による雨域の移動といった大きなスケールの現象について将来予測を行うのに、250メートルのメッシュ、毎分1回という観測データを用いるのでは計算量の問題もあるし、大きな動きから見ると雑音とも見なせる偶然的な現象も同時に起きている可能性も大きいからである。

（1）Cバンドレーダ

電波は空中を伝わるうちに空気の分子や雲粒・雨滴などで減衰してゆくが、Cバンドの電波は減衰の程度が小さい。厳密には降雨による減衰があるが、小さいので従来型レーダの場合直接それを補正するよりも、地上雨量計と比較して調整する手続きで実質的に補正している。（マルチパラメータレーダでは降雨減衰補正を行っている。）1基のレーダを中心に半径120キロメートルの範囲であれば良い観測ができ、半径200キロメートルまではまずまずの観測ができる。レーダ雨量計システムでは半径120キロメートルを「定量観測範囲」として、おおよそ半径120キロメートルの円の重ね合わせで陸上域をカバーできるようにレーダサイトを配置して日本全国の河川流域を覆っている。

Cバンドレーダは1基で半径300キロメートルの範囲を観測する能力があるが、地上からの電波の反射や山岳による遮蔽を防ぐため水平から0～1度上向きに電波を発射しているので、距離が遠くなると電波が雨滴の存在する高さよりも高いところを通る。それくらいになると地球が丸いということの影響も効いてくる。そのため、3000メートルよりも低いところで降る弱い雨は測れなくなる。ほとんどのCバンドレーダは海上に向けて300キロメートルまで観測しているが、そこではレーダの電波が海上10キロメートルの高さになってしまう。しかし、台風や前線の高く発達した雲（の中の雨滴）は捉えることができるので、ダム操作や水防体制の準備のための情報となっている。

(2) Xバンドレーダ

Xバンドレーダが使う電波の波長はCバンドレーダに比べて約1／2であるので、半径が半分のアンテナでも発射電波をCバンドと同じ程度に細く絞ることができる。アンテナの半径が2分の1になればその面積、ひいては重量はおおよそ4分の1になるので、アンテナを回転させる装置や全体を支えるタワーなども小さくなって設置が容易になる。

Xバンドレーダの電波は降雨による減衰が無視できないため、定量観測範囲は60キロメートルとされている。それでも観測範囲に強い雨域があると、そのむこう側からの反射電波はますます弱くなって、信号が雑音に埋もれてしまう。偏波の方向によって雨滴が存在する空間を通過するときに位相が変化する程度が違うという偏波間位相差（後述）から降雨強度を求める方式は電波が降雨で減衰してもあまり影響を受けないが、反射されて戻ってくる電波があまりに弱くなると解析ができなくなる。(「電波消散」と呼んでいる。) そのような領域は観測不能として画面では灰色に塗りつぶして表示される。電波消散が生じないようにするために、複数のレーダを配置して電波消散によって「影ができない」ように反対側から観測できるようにしている場合がある。

(3) 従来型レーダの観測方式

従来のレーダは、雨滴から反射（後方散乱）される電波の強度から降雨強度を求めるものであった。ドップラー現象を利用して、雨滴がレーダサイトに近づくように動いているのか、離れるように動いているのか、その速度を求めることのできるレーダをドップラーレーダと呼んでいる。ドップラーレーダも、降雨強度を求めるときに反射電波の強度のみを使う点では従来型と同じである。

雨が強く降っているほどそこから反射される電波が強く受信されるというのは直感的でわかりやすいが、同じ受信電力でも対応する降雨強度が1／10倍から10倍と二桁も違うことがある。これは雨粒の大きさの違いなど雨がどのような気象状況のもとで降っているのかということに関係しているもので、レーダ情報から降雨強度を数値として求めてダム管理や洪水予測に用いようとするのに大きな障害となる。

図2・4の横軸は地上雨量計で観測された時間雨量、縦軸は地上雨量計の属するメッシュで観測された受信電力値を所定の方法で変換して求めた「反射因子」と呼ぶ量を、対応する時間について平均した値として点を落としたものである。両軸とも対数尺度で表示されている。受信電力値はレーダサイト

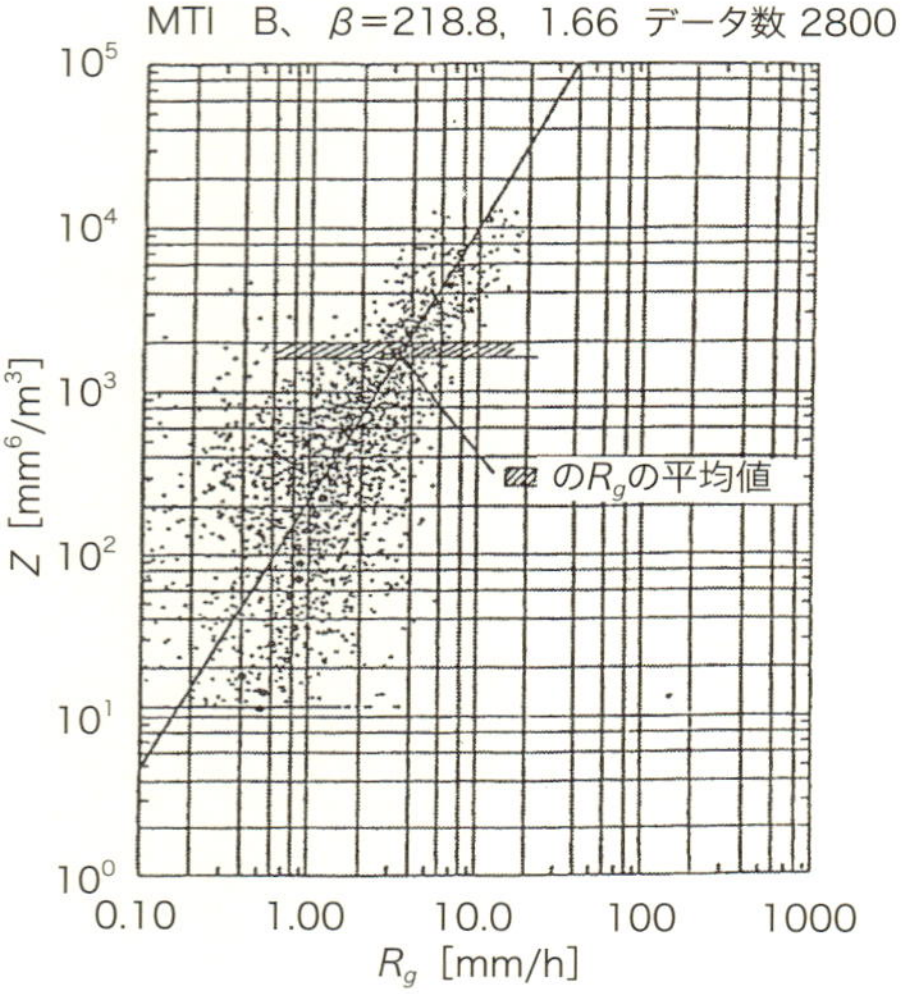

図2.4　レーダ受信電力値と降雨強度との関係例

（アンテナ）からの距離の2乗に反比例して弱くなるのを補正してある。

反射因子と降雨強度を結びつける式として、レーダ方程式$Z = BR^{\beta}$が用いられる。

レーダ方程式に含まれる係数Bは図の直線が地上の雨量強度$R_g = 1$と交わる点のZの値、βは直線の傾きであり、Zから回帰直線を用いてR_gを算出する。Bとβを雨滴定数という。

図で、反射因子が一定の値（横軸に平行）の線を引くと、地上雨量の点がその上で2桁の広がりで分布している様子がわかる。この図は複数の降雨の1時間ごとの値を多くの観測点について求めて描いているものであるが、1回の降雨でもかなりバラつく場合もある。そのため、1年を通して同じ雨滴定数（B・β）を用いると降雨によって算出される雨量にバラつきが生じる可能性がある。

（4）キャリブレーション

レーダは地上1000から3000メートルの高さで、しかも縦横がおおよそ1キロメートルスケールの空間を平均して測っているのに対して、地上雨量計は直径20センチメートルの受水口に入った水量を測っているのであるから、本来は一致しないものである。しかしながら、情報を利用する立場からは「ほぼ同じ」値になるのが望ましいので、ある時間平均した値を比較してほぼ同じ値になるように降雨を観測しながら降雨の計算値を「調整」している。これをリアルタイムキャリブレーションと呼んでいる。

一般にキャリブレーションとは、別途に厳密な方法で測定した値に一致するように、通常に用いる計測器を合わせることをいう。しかし、雨量の場合には地上の雨量計も風向きや風速、さらには設置地点の地形などによって常に正しい値が求められるとは限らない。同様にレーダ観測値もパルスを発射するごとにバラついた値が得られる。

地上雨量計もレーダもある程度の不確定性のある値を与えるものである。

そこで、1観測所ごとの地上観測値に合わせるのではなく、ある面的な広がりの中でレーダと地上観測値の値が「ほぼ同じ」になるように調整される。具体には、レーダ単体ごとに1年以上の観測を行って平均的な雨滴定数（B・β）を求めて運用するが、さらに降雨の都度レーダと地上の観測値を比較してリアルタイムに調整が行われる。このため、多数の地上雨量計の観測値を収集して、補正処理・配信処理をするのに必要な時間がかかるので、リアルタイムキャリブレーションを行った結果は観測から10分程度後に提供される。

たとえば、9時00分のレーダ雨量として提供されるのは、8時55分から9時00分までの5分間に観測されたレーダデータを平均し、直前の3時間に観測された地上雨量計データとレーダデータの組み合わせから求められた係数を用いて調整されたものであり、提供されるのは9時10分頃になる。

（5）ビーム高度

レーダは空中にどれだけの雨滴が存在しているかを観測するもので、できるだけ電波ビームを低くするほうが地上雨量計との対応がよくなる。深山レーダを用いた中北英一の研究によってこのことが実証され、降雨観測を目的とするレーダ雨量計は山岳などに当たらない限りできるだけ低い仰角で電波を発射して観測している。電波を発振する素子としてマグネトロンを用いる場合はパルスごとに特性が違うこともある。また雨滴群から反射してくる電波の強さがパルスごとに変動するので、多数回の観測で平均するためにも水平に近い仰角で何回も回転させて観測している。反射電波の変動は雨滴群自体が動いていることによるほか、発射される電波が変動する影響もある。水平回転の数を多くしている点が、高さ方向も含めて三次元の気象現象を把握することを主な目的としている気象レーダと異なるところである。

当初は真空管であるマグネトロンが使用されていたが、それがクライストロンという真空管になり、マルチパラメータレーダでは固体素子である半導体が使われるようになってきている。ＸＲＡＩＮのレーダは発振素子が安定していることから1回の回転で観測データを取得することができ、気象用レーダと同様に多数の仰角による三次元の観測をしている。これによって積乱雲の発達機構などが明らかになり、的確な豪雨予測につながるものと期待されている。

当初は設置目的の違いもあって、国土交通省のレーダ雨量計システムと気象庁のレーダシステム（いずれもＣバンドレーダ）がそれぞれに全国をカバーしていたが、現在は相互に観測データを交換しており、二つのシステムを統合した全国画面も作成・提供されている。近年、国土交通省が設置・運用しているＸＲＡＩＮの観測データも気象庁に送られて活用されている。

(6) 従来型レーダの合成

従来型（conventional）のレーダの場合、実際に観測されるのは反射電波の強度だけであり、同じ降雨強度と考えられる場合でも、降雨のイベントごとに受信電波の強度が大きく変動する。これをそのままにして複数のレーダによって観測された情報画面を継ぎ合わせると境界線に段差がついて見える。特にデータを累加するとよけい目立つようになる。そのため、地上雨量計の観測値と比較して調整して降雨強度に変換してから継ぎ合わせることになる。これをレーダデータの合成と呼んでいる。

個別のレーダは精度のよい観測範囲がCバンドレーダの場合に120キロメートル、Xバンドレーダで60キロメートルと限られているので、もっと広い範囲を観測するには複数のレーダを配置する。一つのレーダからは山の陰になったり、レーダ近くの鉄塔の影になったりして観測精度が落ちる区域（遮蔽域という）がある。遮蔽域のデータは他のレーダで補填しなければならない。また、複数のレーダで観測されている区域はビーム高度が一番低くなっているレーダのデータを用いるなどの方法で、国土交通省の26基のレーダが合成されて1枚の全国降雨状況図が作成されている。地方ごとには全国降雨状況図から必要な区画を切り出して降雨分布図を作成する。

キャリブレーションと合成の処理は、レーダデータを受信する段階からデジタル処理がされているので、全国降雨状況図以下の図面もそれぞれのメッシュに毎時何ミリメートルという降雨強度の値が与えられている。それを利用して過去の任意時間の累加雨量を求めたり、雨域の移動を予測することができる。

(7) 新型マルチパラメータレーダ

2010年から情報提供が行われているXRAINは、マルチパラメータレーダによるシステムである。当初はXバンドレーダだけで構成されていた（X-band polarimetric (multi parameter) RAdar Information Network、「XバンドMPレーダネットワーク」と称していた）が、試行を経て2017年4月からはCバンドでマルチパラメータ化されたレーダも加わっている（eXtended RAdar Information Network、「高性能レーダ雨量計ネットワーク」と呼ぶようになった）。マルチパラメータというのは、従来型レーダが反射電波の強度を唯一の（シングル）観測要素（パラメータ）としていたのと対照させた表現である。従来型のレーダが1種類の偏波の電波を発射していただけなのに対して、マルチパラメータレーダは水平と垂直の2種類の偏波を相互に切り換えながら、あるいは同時に発射する。

電波の偏波というのは直感的でないが、地上波テレビのアンテナは素子が水平になっていたのに対してテレメータに用いているアンテナは素子が垂直になっていることから、2種類の波があることがわかる。また、同じ電磁波である光の場合、写真レンズにつける偏光フィルターを回転させると反射光が明るく見えたり、暗く見えたりすることからも偏波の存在が推察される。

雨の粒子、雨滴は、降雨強度が大きいほど直径が大きいことが知られている。1時間に20ミリという降雨強度で降っている時の雨滴の直径が、1時間に5ミリの降雨強度で降っている時の雨滴よりも大きいことは日常の経験からもわかる。そして、直径の小さい小粒の雨滴は球に近い形をしているのに対して、大粒の雨滴は図2・5のように、上下に押しつぶされた扁平な形になっていることが知られている。

これは、落下するときに空気の抵抗を受けるためである。

このような形をしている雨滴に水平偏波の電波があたったときと、垂直偏波の電波があたったときとでは反射電波が違っている。この反射電波を解析すると表2・1のように多くの（マルチ）観測要素（パラメータ）が得られる。これらを単独に、あるいは組み合わせることによって降雨強度との関係がつけられる。

たとえば雨滴に水平偏波を当てて反射してきた電波の強度（Zh）と垂直偏波を当てて反射してきた電波の強度（Zv）との比（Zdr）から雨滴の扁平度が推定され、降雨強度が求められる。１９９４年には九州の釈迦岳レーダでこの二重偏波方式で観測がはじめられた*01。理論的には水平と垂直の電波反射強度の比から粒径分布と雨粒の落下速度を推定することができるため、地上雨量計を用いて調整する必要がないという長所がある。しかしながら、観測値の精度や降雨への換算式などの課題が多く、従来の方法に取って代わるものではなかった。

現行のＸＲＡＩＮで主として用いているパラメータは表２・１のうち、Ｋｄｐと略称される偏波間位相差変化率である。これは

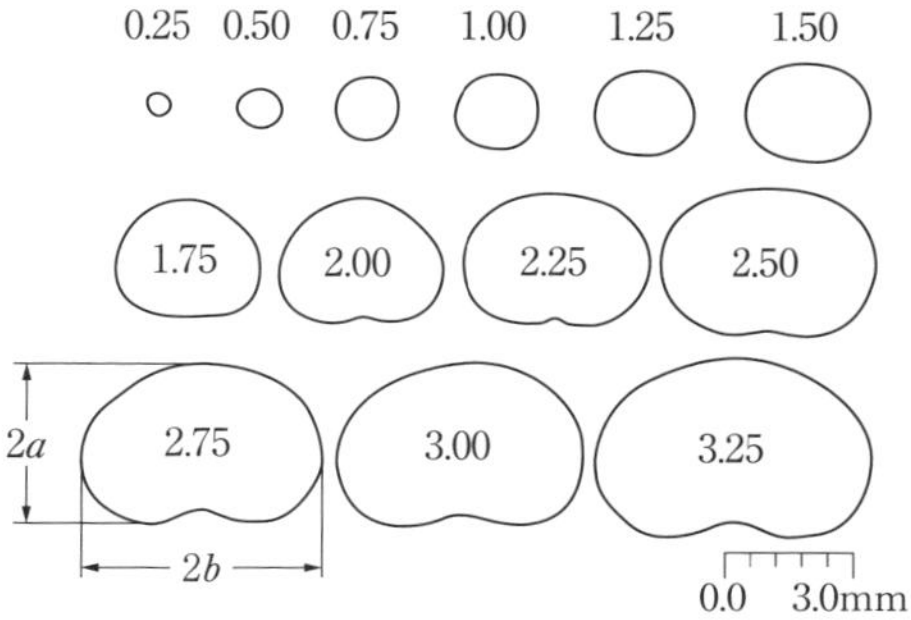

図2.5　雨滴の直径と形状
（Oguchi, T. Pro. IEEE 71, 1983より転載許可済み）

*01 柿本生也・石川成美・長屋勝博「製造者から見た国土交通省レーダ雨量計の技術変遷」河川２０１６年９月

表2.1　マルチパラメータレーダから得られる情報

観測データ	Prh–NOR	水平偏波の受信電力（MTI処理無し）	極座標形式	サイト単位
	Prv–NOR	垂直偏波の受信電力（MTI処理無し）		
	Prh–MTI	水平偏波の受信電力（MTI処理済み）		
	Prv–MTI	垂直偏波の受信電力（MTI処理済み）		
	φdp	偏波間位相差		
	phv	偏波間相関係数		
	V	ドップラー速度		
	W	ドップラー速度幅		
一次処理データプロダクト	Zh	減衰補正済み水平偏波のレーダ反射速度		
	Zdr	レーダ反射強度差		
	Kdp	偏波間位相差変化率		
	Rr	降雨強度		
	QF	品質管理情報		
合成雨量データプロダクト	R	合成雨量（＋品質管理情報）	直交座標形式	地域単位

観測データの偏波間位相差（φｄｐ）から算出されるもので、偏波している電波が扁平な雨滴の存在する空間を通過するとき、空気中と水中の電波の速度が違うことから位相が変化するが、水平偏波と垂直偏波とで位相変化の程度が違うという現象を利用したものである。Ｋｄｐは反射波がアンテナに返ってくる間に雨域を通過して電波強度が弱くなっても変化しない。Ｋｄｐはまた、降雨強度によく対応し、変化範囲も大きいので測定が安定しているという性質があるので、地上雨量計との比較をその都度行わなくても降雨強度の値が直ちに得られるという長所がある。

当初のＸＲＡＩＮは降雨による減衰が大きいＸバンドの電波を用いていたの

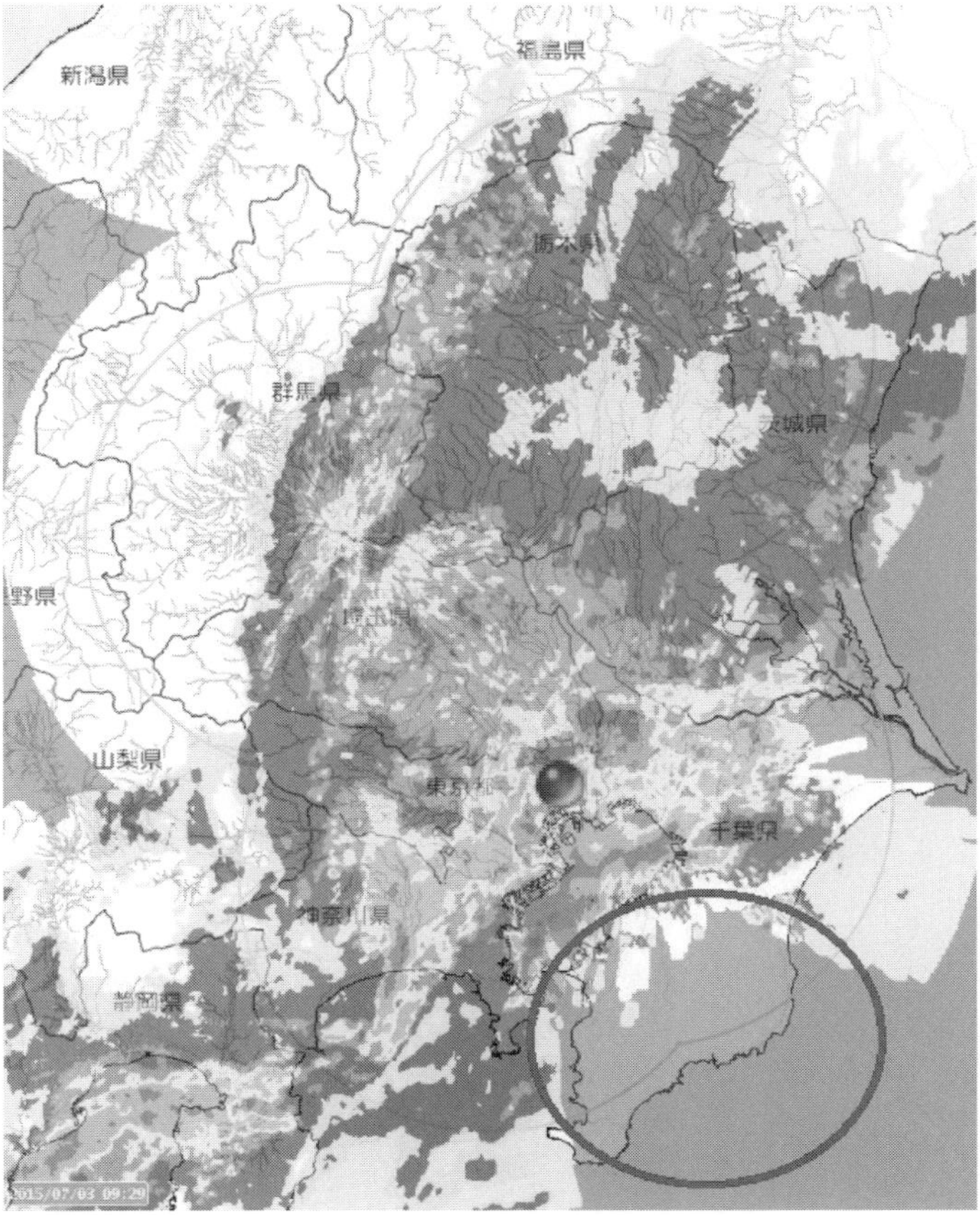

図2.6 電波消散の例 2015年7月3日
房総半島の円で囲んだ部分

で、降雨強度があまりに大きい雨域があるとその向こう側で雨が降っていても受信電波が弱くなってＫｄｐを求められないことがある。先に述べた電波消散で、その対策としては別の方角からも観測する必要がある。逆に降雨強度が小さい場合には偏波間位相差が小さくなってＫｄｐの計算精度が低くなる。その場合には二つの偏波のうち水平偏波だけを使って、反射電波の強度から降雨強度を求める従来の方法によっていた。その後、Ｃバンドレーダでもマルチパラメータ化してＫｄｐなどのパラメータを取得できることが確認され、Ｘバンドレーダで電波消散が起きている区域をＣバンドレーダで補填する新しいＸＲＡＩＮになった。Ｃバンドでも電波の消散は起き得るのであるが、減衰の程度が小さく、陸上は複数のレーダでカバーされているのでほとんど問題にならないと期待される。

図２・６には、さいたま新都心（さいたま市）・新横浜（横浜市）・氏家（うじいえ、栃木県さくら市）・八斗島（やったじま、群馬県伊勢崎市）・船橋（千葉県船橋市）・香貫山（かぬきやま、静岡県沼津市）にあるレーダーサイトの観測結果が合成されている。東京湾にある強い雨域のために電波消散が起き、円で囲んだように房総半島の降雨状況がわからなくなっている。

Ｘバンドマルチパラメータレーダの実用化は防災科学技術研究所において進められ、全国展開にあたっては国土技術政策総合研究所と各地方整備局によってサイトごとの検討を重ねて配備された＊02。機器を動かしてデータを取り、理論式に代入すれば降雨強度が求められるという簡単なものではなく、地上雨量計の観測値とも比較しながら工学的な補正係数を導入したり、機器の微調整をする必要がある。リアルタイムに地上雨量計と比較して調整する必要は無いので観測後、直ちに雨量強度の値が得られるという大きな長所があり、その精度はすでに十分なものになっているが、データを蓄積して運用方法や各種係数などの微調整が続けられている。

＊02　土屋修一、山地秀幸、川崎将生「ＸＲＡＩＮ雨量観測の実用化技術に関する検討資料」国土技術政策総合研究所資料第９０９号、２０１６年

(8) マルチパラメータレーダの合成

マルチパラメータレーダは、受信電波の偏波間位相差変化率と反射強度から直ちに降雨強度が求められるので地上雨量計との比較を行うことなく高い精度で合成されることが確認されている。

雨滴定数B・βを用いる従来型、マルチパラメータの新型いずれの場合も、レーダごとに、近くに電波を強く反射する鉄塔があったり、山の陰になってしまってよく観測できない区域があるので、補い合うように区域を分担して合成する。

Xバンドレーダは観測範囲が狭く、しかも強い雨が降ると電波が減衰しやすい。また、電波消散が起きるほどではなくてもある程度の強さの雨が降っている時には、レーダから遠いところでは弱い雨しか降っていないように観測されることもある。そのため同じ区域を複数のレーダで観測する必要があり、大都市圏など確実に観測したい区域を複数のレーダでカバーするように計画されているが、全国をカバーするには極めて多数のレーダが必要となる。一方Cバンドレーダはすでに全国の陸上部をほぼカバーしているので、従来型のCバンドレーダを新型のマルチパラメータレーダに更新すれば全国を新型レーダの、地上雨量計を用いるキャリブレーションが不要なシステムでカバーすることができる。主に大都市域をカバーする（旧）ＸＲＡＩＮと、広域をカバーするＣバンドマルチパラメータレーダを組み合わせたシステムが２０１７年４月から「ＸＲＡＩＮ（ＧＩＳ版）」として公開されている。

(9) フェーズドアレイレーダなど

今後もレーダの技術開発が進捗すると考えられる。レーダ雨量計もフェーズドアレイＭＰレーダが研究されている。

従来のレーダはＸＲＡＩＮの場合も、皿形のパラボラアンテナを用いて電波を送受信するので、高さ方向の観測をするためにはアンテナの仰角を機械装置で変えなければならず、時間がかかる。フェーズドアレイレーダは高さ方向の観測を電子的に行うので、機械の構造が鉛直軸が一つと簡単になるし、何よりも観測時間が短くてすむのでほとんど同時刻のデータとして三次元の降雨分布を観測することができる。現在のフェーズドアレイレーダはドップラー機能などを持たないが、マルチパラメータレーダとする研究も進められているようである。

このように技術は今後とも進んでゆき、新しい情報の提供が始まると期待される。

2.2　レーダ雨量計の特性と運用

（1）空中と地上の違い

レーダが空中に浮かぶ水滴、言い換えれば雨粒を捉えているのに対して、地上の雨量計は直径20センチメートルの円の中に落ちた雨粒の量を測っている。これによって以下のようなことから違いが生じてくると考えられる。

①空中から地上まで落ちてくる時間差による時間遅れがある。
②落ちてくる間に風によって吹き流される。
③雲の構造や移動に起因した位置のずれがあり得る。

①と②とは関連する。①について、雨粒は上空から重力によって加速されながら落下するが、スピードが大きいほど大きな空気抵抗を受けるので、終端速度という一定の限界に達してしまう。終端速度は雨粒の直径によって違い毎秒1～8メートル前後とされる。加速している間も終端速度と同じ毎秒5メートルと粗く仮定すると、雨粒がたとえば上空3000メートルから地上に落下するのに要する時間は600秒となる。

地上雨量計の観測間隔が短くて10分であること、また雨量観測以後の計算の精度をも考え合わせると、雨滴の落下時間600秒（10分）というのは全体のシステムにおいて大きな誤差要因とはならないであろう。むしろ、地上に落下する前に豪雨を感知していることを評価すべきであろう。

②について雨粒が落下する間に水平方向に毎秒10メートルの風で吹き流されると、6キロメートルほども離れた場所に落下することになり、小さい流域については無視できない。

上空を観測しているレーダから求めた雨量値と、地上で測った値との「レベル」を合わせるために、キャリブレーションが行われている。地上雨量計とレーダとが平面的に異なる場所を測っているとキャリブレーションの結果に誤差が入る。この誤差は空中3000メートルから地上までの風向・風速の分布がわからないと修正できないが、風向・風速の分布を知ることは難しい。複数のドップラーレーダで仰角を変えて観測すれば、風向・風速を求めることができると考えられ、あるいはある仮定のもとに1基でも風向・風速を求める手法が提案されているが、雨量を求めるのにはいささか大がかりになる。そういうこともあって、個々の地上雨量計の値を真値としてレーダ観測値を補正することは行われていない。

レーダ雨量計と地上雨量計の時間雨量相関（8月26日21時～27日12時）											
那須観測所は南南隣と相関が高い					大沢観測所と周辺メッシュとの相関:						
	0.692	0.822	0.928		直上よりも相関の高いところがある						
	0.526	0.859	0.937		0.164	0.424	0.521		0.775	0.869	0.963
	0.609	0.883	0.970		0.290	0.466	0.787		0.907	0.946	0.857
	0.808	0.977	0.854		0.379	0.707	0.848		0.923	0.890	0.724
	0.822	0.763	0.577		0.687	0.850	0.973		0.953	0.795	0.665
					0.957	0.980	0.877			真船	
塩原観測所は東隣のﾒｯｼｭと相関が高い					0.947	0.914	0.809				
0.327	0.821	0.825	0.872						-0.256	-0.022	0.833
0.604	0.697	0.990	0.909			0.607	0.914		0.166	0.760	0.965
0.731	0.931	0.835	0.708		0.514	0.895	0.661		0.504	0.953	0.969
					0.722	0.808	0.620		0.831	0.916	0.887
ﾒｯｼｭは2.5 km四方						黒田原			白河(アメダス)		

図2.7　レーダ雨量計と地上雨量計の相関　1998年那須地方の豪雨の例

③の雲の構造に起因したずれとは、雨滴が多数できている領域と、雨が降っている領域とは異なることがあるかもしれないということである。ただし、4～15キロメートルといわれる積乱雲の直径よりも小さいものであろう。あるいは領域が同じであっても積乱雲の移動にともなって雨域も移動することが考えられる。積乱雲の移動速度は毎時30キロメートル程度とされ、10分間に5キロメートルほど進行する。積乱雲の移動速度は積乱雲内部の風速とも異なるであろうが、水平方向には同じ程度の値になるのではないか。そのように考えると上空3000メートルの状況と地上とでは水平距離にして5～10キロメートル程度ずれることもあるのではないか考えられる。

1998年8月の豪雨は、栃木県と福島県にまたがるもので、栃木県では那珂川水系余笹川、福島県では阿武隈川流域に大きな被害を及ぼした。この豪雨について、レーダの値と地上の値とを比較してみた。レーダの観測値と地上雨量計の観測値について相関係数をとってみると、地上雨量計を含むメッシュのレーダ観測値よりも地上雨量計の南に、水平距離でおおむね5キロメートル離れたメッシュのレーダ観測値との相関の方が高い傾向が見られた*03。

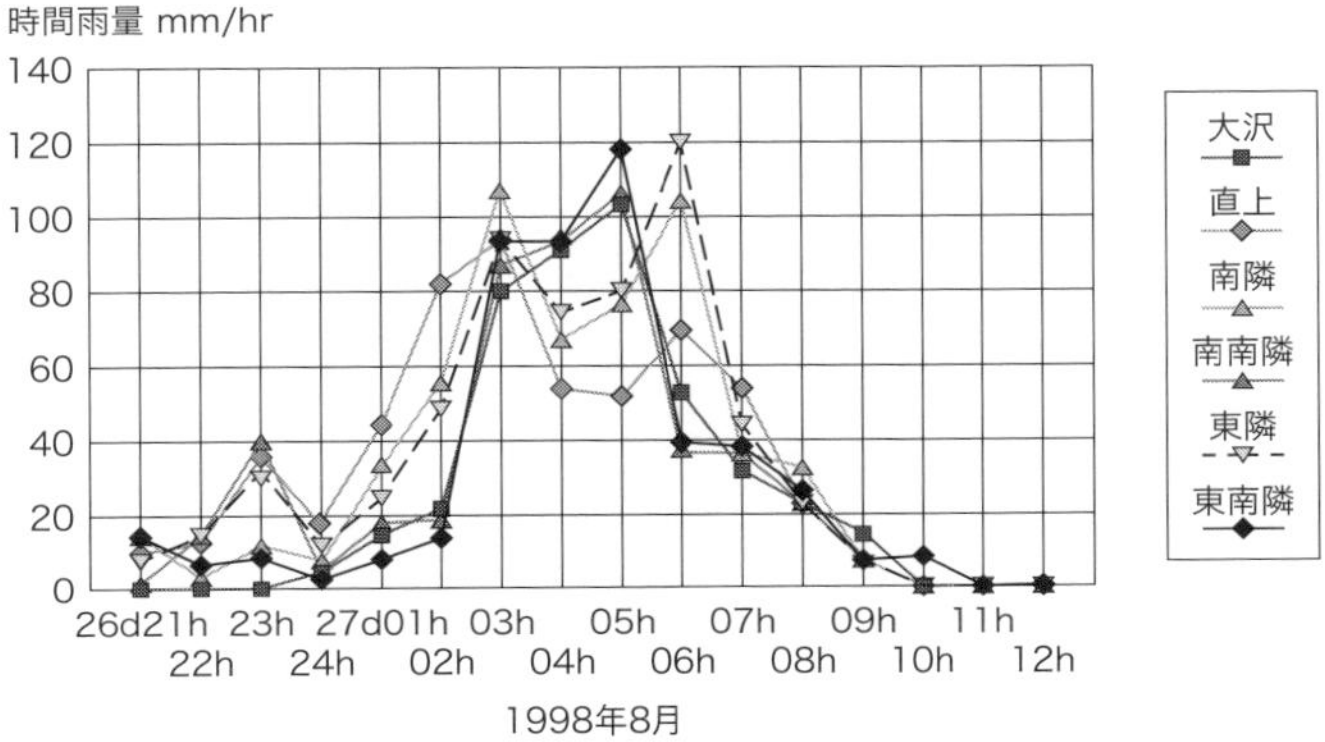

図2.8 地上とレーダの比較 那須豪雨における大沢観測所

図2・7のメッシュは約2・5キロメートル角である。枠で囲ったのが地上観測所の存在するメッシュを示す。地上雨量計の時間雨量観測値と、直上と周辺のメッシュでのレーダ雨量計観測値（1時間積算値）との相関係数を示しているが、直上メッシュから離れたところのメッシュのレーダ雨量計観測値との相関がよいことが多い。

図2・8に大沢観測所と、その直上と周辺のメッシュの時間雨量の推移を示す。直上のメッシュよりも南南隣（南隣のさらに南隣）メッシュの方が地上雨量計観測値との相関が良いことがこの図にも現れている。なお、レーダ観測値について高度なキャリブレーションは行わず、この間を通して標準的な関係式で得られた値を2倍にして地上観測値とレーダ雨量計観測値のレベルが合うようにしている。

高鈴山レーダのアンテナは標高671メートルの高さに設置されており、那須岳との距離は79キロメートルで、仰角0・6度で観測していたから、レーダビームの標高は1500メート

＊03 中尾忠彦「1998年豪雨における建設省高鈴山レーダ雨量計の観測状況」、水文・水資源学会1999年研究発表会予稿集

ルであり、那須岳近辺ではほぼ山頂に近い上空を観測していたことになる。

この豪雨の間、栃木県足利市付近で発生した雨域がだんだん広く強くなりながら那須の方向に向かっていた。そして雨域の移動方向と直角の方向ではほとんど降っていなかった。たとえば、那須野町の役場ではごく弱い雨だったのが、同じ町内の那須岳では豪雨が降り続いた。当時は線状降水帯という用語は一般に普及していなかったが、２０１７年の時点から振り返ると、まさに線状降水帯であった。

レーダの値がそのまま地上の値と対応しているとは限らないこと、しかしながら、レーダで強い雨域を観測しているときには必ず近傍に強い雨が観測されていることがわかる。

「火のない所に煙は立たない」ということであろう。

レーダ雨量計の1メッシュ、1メッシュの値がその真下においた地上雨量計の値と一致しなければならないと考えると「合わない！」という判断になるが、レーダ雨量計はその近傍の降雨状況をあらわしているのだと考えるとよい。

ＸＲＡＩＮは特にレーダが設置されている近くでＣバンドレーダよりも地上と合っている傾向にあるが、それはＸＲＡＩＮシステムが測っているところの高さが低いということにもよっていると筆者は考えている。（ただし、まだ定量的に確認していない。）ＸＲＡＩＮのレーダユニットは、地上数十メートルの鉄塔などに設置されており、30キロメートル離れたところで電波ビームの中心が標高１５００メートルとなるように調整されている。雨滴の落下距離が短いことや、メッシュが２５０メートルと小さいこともレーダ観測と地上観測の差が小さい理由の一つなのかもしれない。

(2) レーダによる集水域平均雨量

Cバンドレーダも X バンドレーダも四角いメッシュごとに降雨強度の値が指定され、降雨強度に応じて色わけして画面に表示されている。これを拡大してゆくとくっきりとした境界線が見えてきて、たとえば自分の家のような着目する地点が境界線の向こうとこちらとで色が違い、降雨強度が違ってくることがある。しかし、レーダの情報はそこまで拡大して見るべきものではないことを第1章で述べた。1枚の地図の上に精度の異なる複数の情報が示されているとき、地図を読む方が気を付けなければいけない。

計算機の中でレーダ情報から集水域平均雨量を求めるときには多数のメッシュの値を加算し、平均して求めることでおのずから誤差が低減される。

集水域の平均雨量を求めるときには、平均化による誤差の低減も期待してメッシュのデジタル値をそのまま加えるとしても、イメージとして目で見るときには、最大に表示したとしてもメッシュの境界の凹凸が見えない程度の縮尺で表示するのがよい。

(3) ダイナミックウィンドウ法によるレーダのキャリブレーション

レーダの値を地上雨量計の値と合わせるキャリブレーションにおいては、レーダの値も、地上雨量計の観測値も統計的に変動する（不確定性がある）ので、あるメッシュのレーダの値を、そのメッシュに含まれる地上雨量計の観測値に直接合わせることはしない。

従来型Cバンドレーダ雨量計の補正は、ダイナミックウィンドウ法という方法で行われている。この方法では、求められるレーダ雨量の各メッシュでのレーダ雨量の信頼度が等しくなるように、補正係数を平均化する面積（ウィンドウ）を降雨状況によって（ダイナミックに）変化させるものである。1点1点の雨量計観測値とそれを含むメッシュの値とを一致させているのではなく、1メッシュの補正には周辺にある多数の地上雨量計のデータが用いられている。補正の良否は、多数の観測所について相関係数の値と総雨量を比較して判定されている。

強い雨が降っている時にレーダ雨量計が取り逃がすことは無い。地上雨量計が取り逃がすことはある。これだけでもレーダ雨量計が洪水予測において欠かせないことがわかる。

地上雨量計の観測値は、直径20センチメートルの円の中に入る雨滴の量を測っているが、次のような問題がある。

①雨量計のロートに落ちた雨滴が斜面を流れて転倒マスに入るまでの時間差がある
②転倒マスは機器の種類によって1または、0・5ミリメートルの雨量に相当する水量が溜まらないと転倒しない。これによる誤差が生じる
③地上雨量計は10分間の間に何回転倒したか送信してくるので、厳密な転倒時刻ではない
④雨量計の近傍の気流の乱れによって雨滴が雨量計に入らないことがある
⑤近くの樹木や建物によって雨滴が雨量計に入るのが妨げられる（遮蔽）ことがある。この影響は季節や風向きによって違うこともある
⑥雨量計を設置した地形によって、気流が収束したり発散したりする、これによって特異な観測値

が得られることがある

⑦非常に激しい豪雨の場合、転倒マスが転倒している間に降った雨がカウントされないので誤差になるとも言われている

これらの要因は対応できるものもあるが、できないものもある。とりわけ⑤、⑥は、雨量計の設置状況を知っていないと状況判断を誤る恐れがある。

あるメッシュのレーダ観測値と地上の観測値との比率は時間的な変動もあるので、国土交通省のCバンドのレーダでは、ある時間について平均したものを用いている。その場合、2つの方法が考えられる。

①過去から現在までの傾向が近い将来も持続するとして補正する（外挿補正）

②補正したい時刻の前後を含めた傾向から補正する（同時刻補正）

補正したい時刻の前後を含めた傾向から補正する同時刻補正の方が相関係数及び総雨量比という尺度から見て良好な結果となる。しかし、観測から何時間かたたないと補正結果が求められない。これは洪水予測にとっては致命的な欠点である。そのため実時間では外挿補正した値（オンライン補正データ）がいわば速報値として発表されている。治水計画を立案するために後日流出を再現するシミュレーションが行われるが、それには同時刻補正による結果を用いることになる。

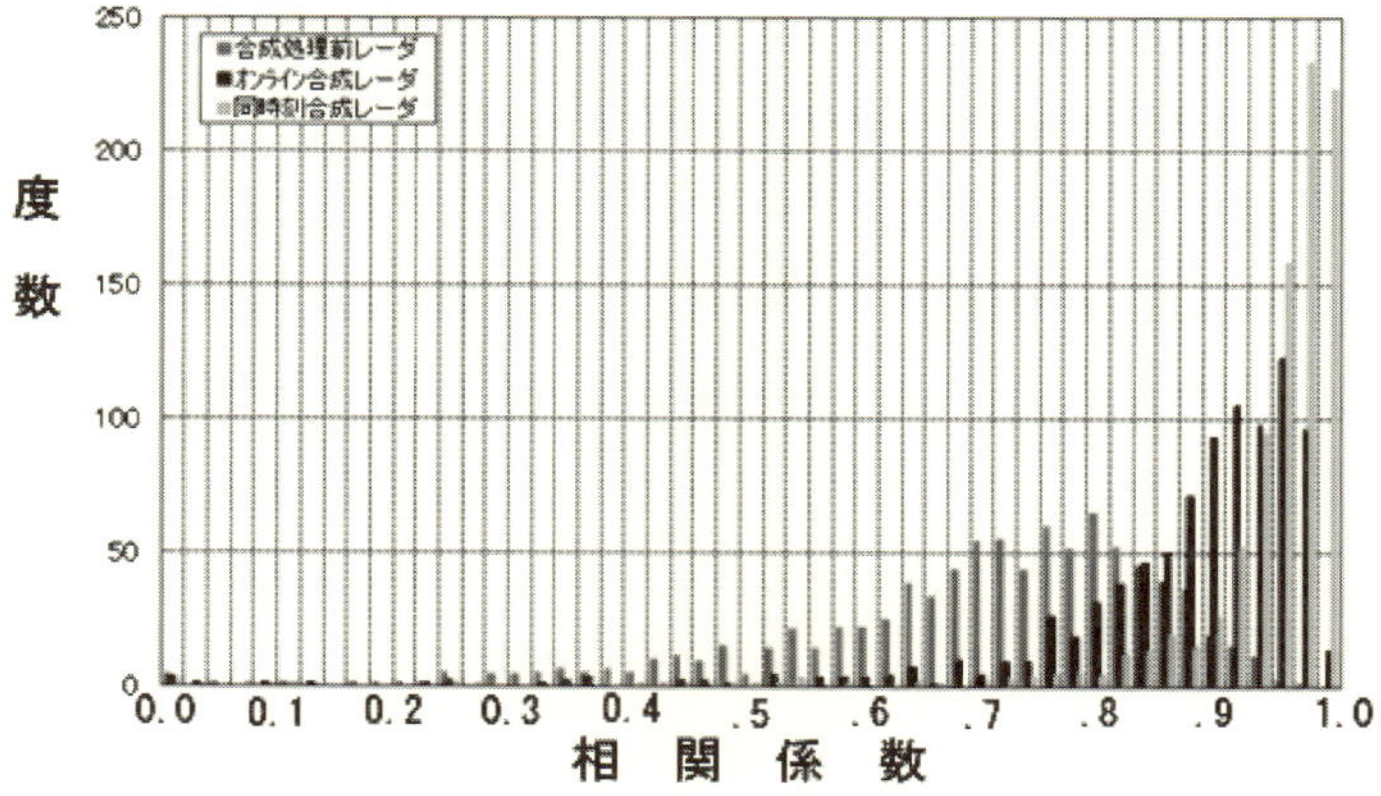

図2.9　キャリブレーションによる精度の向上例
合成・キャリブレーション前のデータについて地上とレーダの相関係数の最頻値は0.80、オンラインで外挿補正すると0.92と改善され、その後同時刻補正すると0.98とさらに改善される。

（4）キャリブレーションに要する時間

ほとんど全部の地上雨量計は転倒マス雨量計で、1ミリメートルまたは0・5ミリメートルに相当する水量が受水口に入るごとに計量マスが転倒してパルスを発生するようになっている。ここでたとえば10分間の間に2回転倒するか、ほんの少しよけいに降って3回転倒するかによって、降雨強度としては1時間あたり12ミリメートルか、18ミリメートルかということになって大きな差が生じる。これを量子化の誤差と呼んでいるが、アナログ量をデジタル数値に変換するときにはいつでも問題になることである。この問題を避けるために、キャリブレーションを行うのに10分間の観測値では不安定なので60分間の観測値を用いるというように、種々の工夫・操作が必要になる。

また、無線通信で観測所からデータを収集するのにも数分間かかるので、従来型のレーダではどうしても観測し終わってから観測値を一般に提供するまでに5分あまりの時間がかかる。

危険箇所からの退避・避難と水防作業の準備・実施を行うのに、豪雨の兆候があってから十分な余裕時間を見込めばレーダ情報の提供遅れなどはあまり問題がないと考えられる。しかし、忙しい現代にあって、10時15分から20分までに行われた観測の結果が10時30分にならないと見ることができない、というのでは「使いものにならない」と思う人もいたであろう。そこでマルチパラメータレーダが注目されることになった。

2.3　レーダの優位性

(1) 高い空間・時間解像度の観測

降雨データの取得のためには、レーダが強力な手段になっている。

地上の雨量計は日本全国で平均して38平方キロメートルに1箇所とそれなりに多くなってきたが、レーダは全国をカバーしている気象庁・国土交通省のCバンドのシステムでも、南北約1キロメートル、東西も約1キロメートル、つまり1平方キロメートルに1箇所の雨量計があるのと同等の面的密度がある。大都市を中心に配置されているXバンドのシステムでは２５０メートルのメッシュ、1平方キロメートルに16箇所の雨量計を置いているのに近い。

地上の雨量計は10分間に1回データを送信してくるものが多いが、レーダでは従来型Cバンドのシステムで5分間に1回、新型マルチパラメータのシステムでは1分間に1回データが得られるので、時間的な細かさという点でもレーダがはるかに優位にある。

山間地からは無線でデータを収集している地上雨量計の場合、データを集めるのに要する時間も数分かかることが多い。これに対してXバンドのシステムであるXＲＡＩＮでは観測の1分後には一般に情報を提供している。従来型Cバンドの場合は地上雨量計のデータを用いてレベルを合わせるキャリブレーションが必要であり、地上雨量計のデータ収集に引っ張られて10分ほど遅れている。地上雨量計も２５０メートルのメッシュの中に1箇所、1分間に1回データを送信すれば同等の細かさになるが、箇所数に比例して設置工事費や維持費がかかる。無線でデータを送る場合、電源の問題も大きな制約になる。豪雨は「水源」といわれるように山地に多く降る傾向にあるが、山地に２５０メートルメッシュで雨量計を配置することは実質的に不可能であり、レーダがある現在となっては比較にならない。そのうえ、地上雨量計として現時点で最も普及している転倒マス式雨量計は、０・５ミリ、あるいは1ミリの雨量を観測すると測定マスが転倒してパルスを1個出すのをカウントするもので、データ伝送にも適している。しかし、たとえば1時間に60ミリという非常な豪雨でも1分ごとのデータは1、0、ときに2といった値にしかならず、1分値だけを見ていたのでは判断を誤る。なお以前に、山地ではソーラーパネルで発電して蓄電池に蓄えて使うこととなるので、その面からも頻繁なデータ伝送に隘路があったが、1週間にわたって日照がなくてもデータ伝送ができるようになっている。

こういった理由から、雨が平面的に（地図に表して）どのように分布して降っているのか、それが時の経過とともにどのように変動しているか、（どのくらいの速さで移動しているか）ということを地上雨量計のデータから知ることは原理的にはともかく、実際問題としてできない。

レーダ雨量計の観測値がメッシュごとに対応する雨量計の値と一致することは、それぞれが測っているものが異なるのであるから厳密にいうと望めない。しかし、レーダ雨量計の値は地上雨量計の観測値と異なるから信用できない、用いないというのは早計である。かりに位置が多少ずれることがあったとしてもおおむね一致していることは、多くの降雨イベントを総合して、地上雨量計とそれを含むメッシュのレーダ雨量計観測値とが良く相関していることからも言えよう。

国が管理している河川区間の上流には全体としてかなりの数の雨量計が配置されているので、地上雨量計をもとに洪水予測を行っても大きな問題はない。しかし、中小河川の場合には流域の中に雨量計があっても少なく、皆無ということもある。中小河川ほど洪水予測には降雨の予測が欠かせないのに、そんな少ない数の観測所のデータを用いて降雨予測をしようとしても、せいぜい前時刻と同じ強さで雨が降り続くといった、当て推量しかできない。

河川の規模が小さいほど、レーダ雨量情報が有益・有効であり、今や不可欠である。

地上雨量計は地上に落ちてきた雨を雨量の定義通りに測っているので、その場所の雨量としては基本になる値であるが、気流が寄り集まったり（収斂）、広がったり、上空を通り抜けたりする場所の性質によって測定値が変化する可能性がある*04。雨量計を設置したときには小さかった木が成長して雨量計に陰を落とすこともある。

より大きな問題は、雨量計の受水口の直径は20センチメートル、面積は314平方センチメートルであり、これが雨量計1箇所当たり38平方キロメートルの面積を代表するとすると12億倍に引き延ばして

*04 岡本芳美「雨量観測線上における細密な雨量観測」水利科学317号、2001年

いることになる。

洪水を予測して予報したり、渇水調整を行うなどの目的で雨量を観測するのは、「その地点」、３１４平方センチメートルの雨量を知るのが目的なのではなく、「その流域」にインプットされる外力としての水量を知りたいのであるし、また今後の動向を知りたいのである。

レーダ雨量の方が河川管理の目的には適している。

(2) 地上雨量計が少ないか、存在しない場合

レーダ雨量計の最大のメリットは、1キロメートルメッシュや２５０メートルメッシュという細かい網を張っているので、何らかの被害を起こすほどの雨雲を見逃すことが無いことである。

図２・10は、ある小さな川の流域を示している。一番下流に基準点があって、水位・流量を測っている。流域が小さいので基準点の上流の集水域には地上雨量計が2箇所しか設置されていない。そこで集水域の外側にある雨量計を第三の雨量計として用い、雨量計の間に垂直二等分線を引いて幾何学的に流域を分割するティーセン法によって平均雨量を求めて流出モデルに入力している。集水域が小さく、ほかに水位・流量観測点も無いので単一の流域としてモデル化し、一つの平均雨量を入力している。図では、右上に強い雨域があるが、そこには地上雨量計が無いので、平均雨量は小さく算定される。このようにして求めた平均雨量から基準点の流量を計算した結果を図２・11の灰色線で示す。この程度の小さな河川では洪水流量の毎時観測は実際上行えない。水位計で測定した水位から水位−流量関係を用いて流量を求めたのが点線で、これと計算値を比較すると、最初のピークはほぼ予測できているが、第２の

ピークは予測できていない。これは強雨域をとらえ損ねて流域平均雨量が過小に計算されてしまったためと考えられる。一方、レーダ雨量計から流域平均雨量を算定して入力とした計算の結果を図の黒線で示すが、観測値とよくあっている。

　このように、計算値と観測値とがよく合っていると、流出モデルと入力データが両方とも正しい可能性が高い。計算値と観測値とが一致しなかったときには流出モデルに含まれる係数を調整することになるが、入力データが間違っているときにモデルの係数で無理に調整しようとすると係数が異常な値になったりして、異なる降雨に対して全く合わないということにもなりかねない。

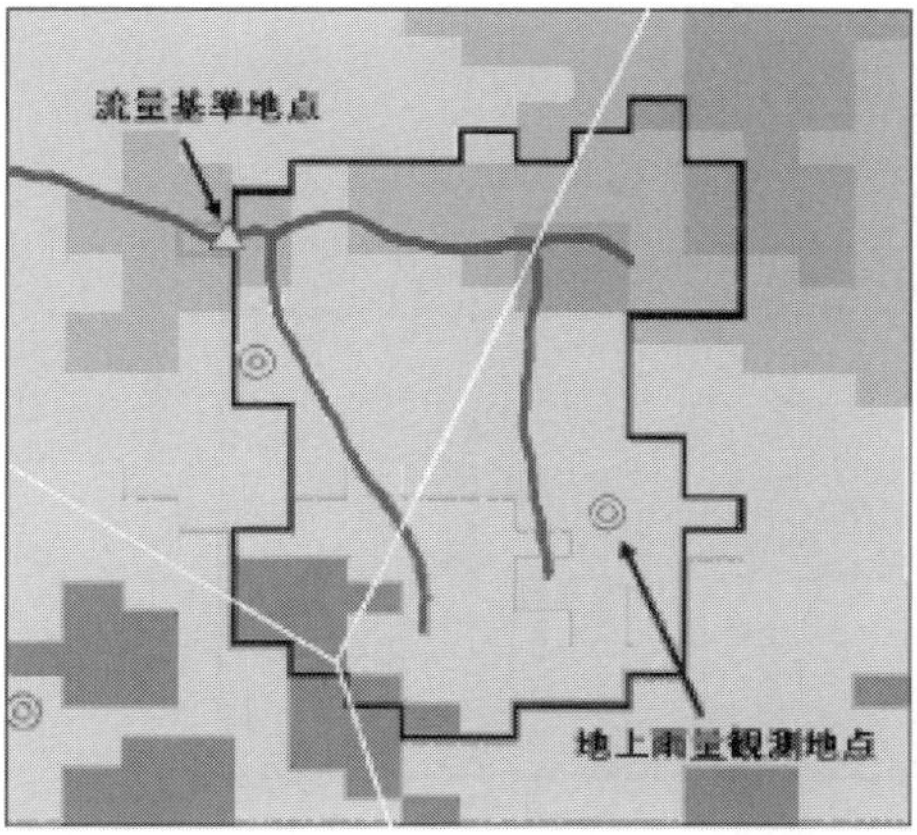

図2.10　ある小さな河川流域の例　河川情報センターHPより

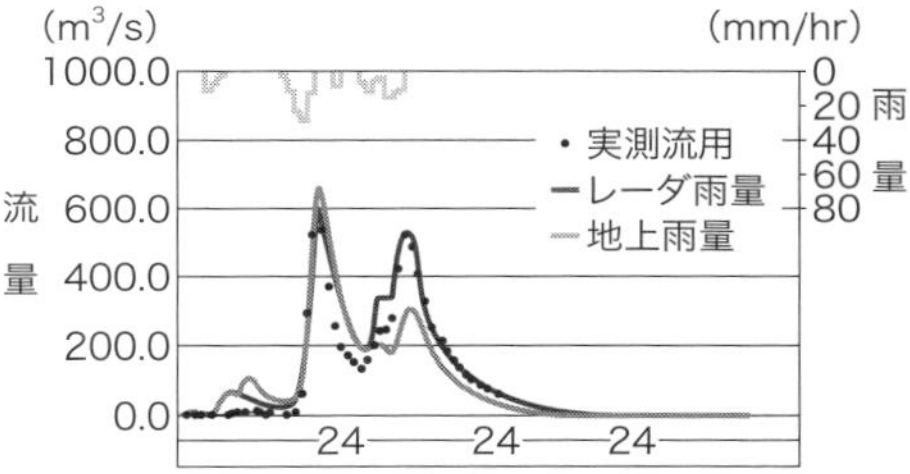

図2.11　レーダ雨量と地上雨量を用いた流出計算結果の比較　河川情報センターHPより

　さらに小さい流域になると、流域の中に雨量計が一箇所も設置されていないこともしばしばある。そのようなときは流域の外に設置してある雨量計から平均雨量を求めることになるが、それで良好な結果を得ることは望めない。レーダ雨量計で

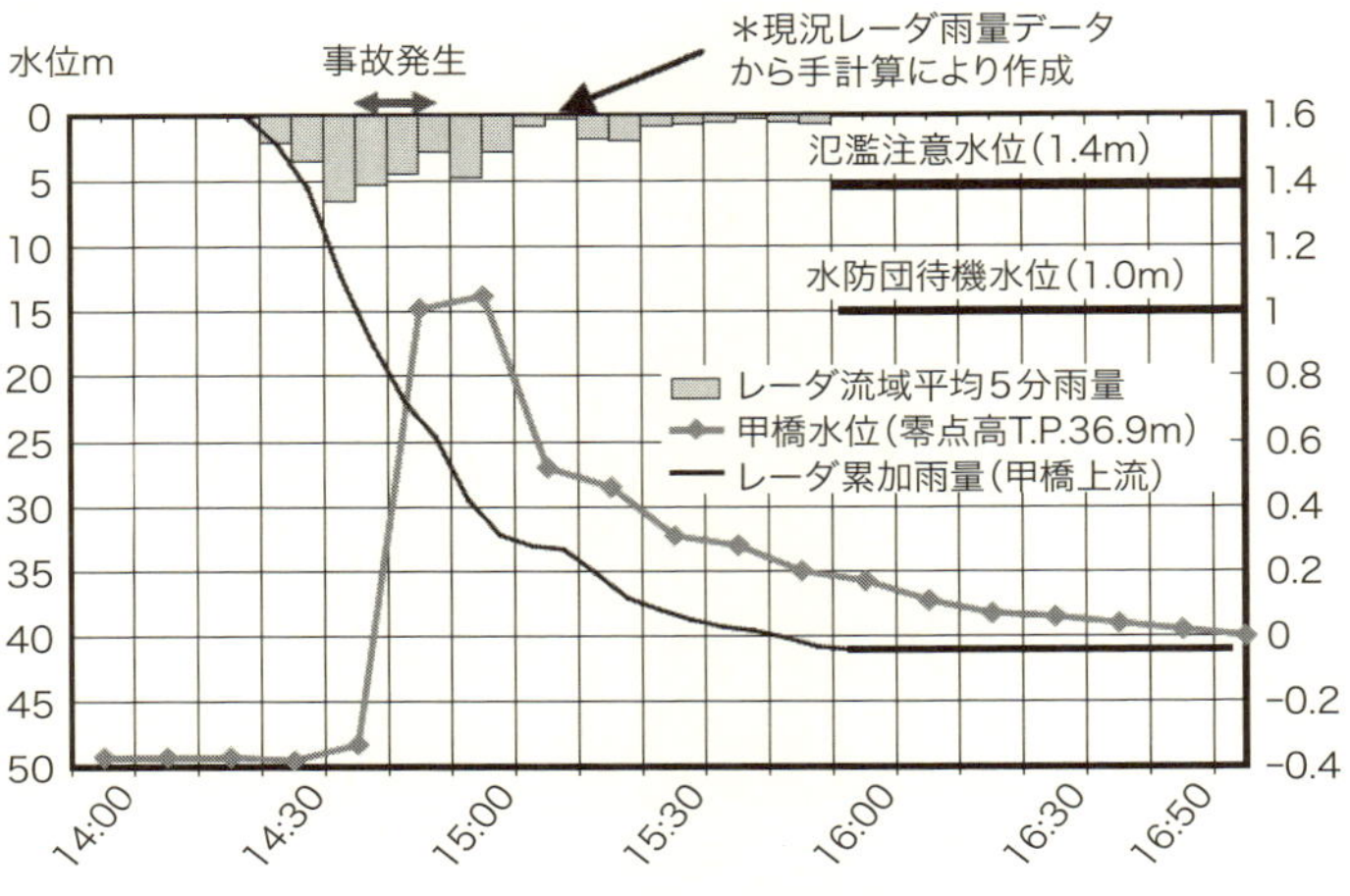

図2.12　都賀川水難事故の際のレーダ雨量計と水位計観測値

あればそのような場合でも妥当な結果が得られる。

流出モデルのような計算モデルにセンサーの観測値を入力して予測する場合、安定した答えが求められる入力の方が使いやすく、正しいのであると考えられる。レーダ雨量計はメッシュごとに見れば地上雨量計と違った値を示すときもあるが、流域平均として複数のメッシュの値を用いると良好な予測結果を得られる。地上雨量計から流域平均雨量を求めるとき、数カ所という程度の雨量計から求めることになるので変動が激しいことが考えられる。レーダ雨量計の場合には、すぐに数十箇所のメッシュの値を用いることになるのに加えて、その前に多数の地上雨量計データを用いて補正されていることもあって、流出計算に用いるのにはレーダ雨量計の方が適していると筆者は考えている。

図２・12に、関沢元治らがレーダ雨量計の観測値から都賀川水難事故の時の流域平均雨量を求めた例を示す。

図には、レーダ雨量計から求めた5分間ごとの雨量（雨

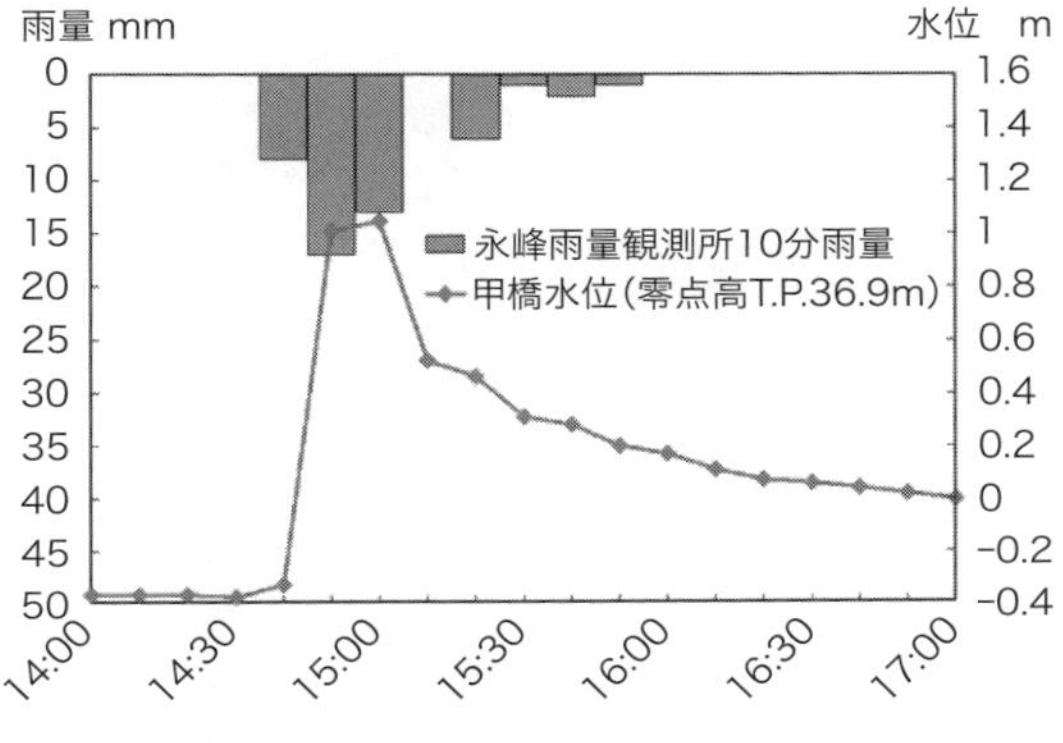

図2.13　都賀川流域永峰雨量観測所と甲橋水位との関係
関沢による

量強度ではなく、5分間に降った雨量）と、ちょうど水難事故の現場に設置されていた水位計の値とを対比して示している。

筆者は極めて粗いながら、ピーク流量が集水面積と上流端に降った雨がその地点に到達するまでの間の平均降雨強度との積に比例するという、ラショナル式の考え方（第3章参照）を参考に、15分間の平均雨量から水位を求めることを考えた。その結果を示したのが第1章の図1・11である。

このときの雨域は都賀川の上流から下流に向かって移動し、下流ではさらに下水道による雨水排除がされるため流出が早くなるという特徴があって、単一の流域として扱うのが難しいケースであると考えられるが、河川敷からの退避や避難を促すための情報として十分実用になると考えている。

図2・13に示すように、都賀川上流の永峰観測所で降雨の開始を観測してから5分後には水位が急上昇した。事故の起きた甲橋付近にいる人は、雨が降ってきたとたんに水位が急上昇することになり、退避するかどうかを自ら判断しなければならない。

実際には地上雨量計の観測値はせいぜい10分ごとに予報センターなどに収集されるので、現地にその結果を伝えたときにはすでに事故が発生してしまった、ということになる可能性が大きい。地上雨量計だけでこのような集中豪雨に対応することは不可能である。

コラム　レーダ雨量計の開発

レーダは飛行機など空中の物体を探知する装置として第2次世界大戦中に開発されたが、空中の雨滴もレーダ画面に現れることがわかり、これで雨量を測れば降雨の面的な広がりを求めることができると考えて、土木研究所水文研究室にいた木下武雄は1965年に「レーダ雨量計」と命名し、建設省（当時）は土木研究所と関東地方建設局が協力して研究開発を進めた。

関東地方建設局でも、とりわけ利根川ダム統合管理事務所というダム操作を担当する現場の組織が積極的に開発を進めた。ダム貯水池に流入する洪水を的確に調節しなければならないという使命があり、そのための情報を求めていたからである。ダム貯水池の集水域にはもちろん地上雨量計が配置されているが、傾斜の急な山地なので必ずしも観測に適した場所に設置することができない。また、設置後に状況が変化している場合もある。ダムの近くに建てられたダム管理所からダム貯水池やその上流集水域の全域が見通せないところがほとんどで、特に夜間ともなると手探りの操作になりがちであった。

レーダではダムの集水域全域の降雨状況がわかるので、レーダディスプレイが設置されていた（当初は端末装置が高価で個々のダムの管理所にはディスプレイが設置されていなかった）統合管理事務所で利根川上流域全域の降雨状況を監視して、ダム集水域に雨が降っている管理所に連絡した。すると管理所地点では雨が降っていないのにやがて貯水池への流入が検知されるという状況であったという。それからレーダ画面を単に「絵」として見るだけではなく、定量的な流入予測やさらには降雨予測も行うための定量的な情報として活用したいということになったものであり、いわばニーズが引っ張った技術開発であった。

コラム　レーダ雨量計の開発

レーダを雨量計として用いるレーダ雨量計を開発している中で、地上雨量計の観測値からダム集水域の平均降雨量を求め、ダム貯水池流入量を求めるよりも、レーダ雨量計観測値から集水域の平均雨量を求める方が、ダム貯水池貯留量の変化から求めた流入量と良く一致するという結果が得られたこともレーダ雨量計に対する信頼を高めることになった。

建設省のレーダ雨量計は1975年に多目的ダムが多数建設されている利根川上流部を観測するため赤城山地蔵岳の頂上に設置されたのが最初であるが、第1号機からデジタル化されていた。観測データは専用回線で送信されていたので、1982年の長崎豪雨を106キロメートルという至近距離から捉えた釈迦岳レーダ雨量計の画像を1000キロメートル離れた旧建設省本省でも見ることができた。

第1章第3節に示した図は筆者らの提案でレーダ雨量計観測データのデータベース化が行われたとき収録された長崎豪雨のレーダデータを画像化したものである。沖合から次々と来襲する強雨域（雨雲）の状況がよく捉えられている。

第３章

水防と早期避難のための洪水予測

洪水は予測できる災害。
その計算から伝え方まで。

3.1 洪水予測の手法

２０１１年の「新潟・福島豪雨」で、新潟県を流れる信濃川の支川、五十嵐川、刈谷田川の流域では笠堀ダム地点で６時間の間に３７６ミリメートルという豪雨が降って、五十嵐川では堤防すれすれまで水位が上昇し、下流の本川信濃川でも堤防を築く基準である計画高水位を上回る大洪水となった。

この流域では７年前の２００４年にも「新潟・福島豪雨」でほぼ同じ規模の洪水が起きて、五十嵐川の堤防が決壊して三条市の中心部が水没し、刈谷田川の堤防決壊によって中之島町の市街に浸水した。死者があわせて15人に及んだ。

２００４年洪水の後、五十嵐川では信濃川との合流点付近の川幅が広げられ、刈谷田川では遊水地が設けられた。また強固な護岸も設置された。これらの手段によって、２０１１年の洪水では堤防決壊がなく、また人命損失もなかった。このように抜本的な洪水対策としては堤防や遊水地、さらには洪水調節ダムなどの構造物設置が有効である。しかしながら、このような対策を氾濫の可能性があるすべての河川で実施することは、それなりに豊かな日本でも困難であり、まして開発途上国では願望を超える夢物語である。

洪水予測によって、上流で豪雨が降っている、あるいは降ったときに、川の水位がいつ、どこまで上がるのか、堤防より高くなるのか、どうかなどを早期に知って避難などの対応をすることが必要である。

洪水予測は単に避難に役だつばかりでなく、ダムや排水機場の操作、水位が高まったときに堤防を守るために行う水防作業などを効率的に行うためにも必要であり、河川を管理する組織では降雨の前から洪水が終わるまでほとんど連続して行われている業務である。

ダムについては、個々のダムごとに操作規則が定められていて、貯水池の水位を見守りながらゲートを操作すればほとんどの洪水で有効な洪水調節ができるようにしてあるが、異常な洪水が生じると貯水池が満杯になってしまって、ゲートを全開して自然の調節にまかせるほかなくなる。このような事態が予測されると、そうなる前にゲートを規定よりも大きく開いて満杯になるのを遅らせたり、下流の増水の状況を見たりしながら、できるだけ貯水池に貯留して下流の水位上昇を小さくするような操作を行わなければならないことがある。

また、遊水調節池には越流堤から流入させて河川の下流に流れる流量を減少させるのであるが、下流で被害が起きそうなときには排水門から流入させて下流の水位上昇をできるだけ抑える操作をすることもある。

このように、洪水予測はいわゆるソフトな洪水対策の基礎となる作業である。

洪水予測は流域内にくまなく配置されたレーダや雨量計、水位計、さらには河川監視カメラの情報に

表3.1　川の防災情報で提供されている観測所の数（2016年３月末現在）

	水管理・国土保全局	道路局	気象庁	都道府県	水資源機構等	計
Cバンドレーダ	26		20			46
XバンドMPレーダ	38					38
地上雨量計	2,396	1,176	1,303	5,132	81	10,088
水位計	2,362			4,634	61	7,057
水質ほか	1,585	188	87	532	150	2,542
計	6,407	1,364	1,410	10,298	292	19,771

基づいて行われるが、情報のほとんどは広く無償で公開されているので、本書で説明する技法を読者自らが用いれば、防災に活用することができる。

(1) 日本の水文観測網

表３・１に、日本で広く公開されている雨量・水位などの観測所の数を示す。

雨量観測所についてみると、総数は１万箇所を超えており、かなりの数であると言える。以前は都道府県の観測所が少なかったが、防災意識の高まりによって増設されている。しかし、観測所の配置は必ずしも均等になっていない。気象庁の観測所が全国的に均等になるように配置されているのに対して、国土交通省の水管理・国土保全局が設置・運用している観測所は大臣が直接に管理している一級水系の流域にほぼ限られている。また、道路局の観測所は道路の規制などを判断するためのもので、国道に沿って設置されている。

都道府県の観測所が増設されたことによって、降雨状況の把握がより確実にできるようになってきている。

表３・２は、２００９年８月に９号台風によって関東地方北部に降っ

表3.2 2009年9号台風による累加雨量観測値ランキング
（河川情報センター調べ）

順位	観測所名	所管	場所	累加雨量mm
1	塩原ダム	茨城県	那須塩原町	321
2	東荒川	常陸河川国道事務所	塩谷町	305
3	高百	鬼怒川ダム統合管理事務所	日光市	286
4	今市（気）	気象庁	日光市	285
5	藤原	日光砂防事務所	日光市	278
6	弓張	茨城県	矢板市	278
7	湯宮	茨城県	那須塩原町	274
8	髙林	常陸河川国道事務所	那須塩原町	273
9	東荒川ダム	茨城県	塩谷町	268
10	霧降	日光砂防事務所	日光市	257
11	大津港湾	茨城県	北茨城市	257
12	北茨城（気）	気象庁	北茨城市	252

た豪雨について、総降雨量が大きかった観測所から順に12観測所を挙げたものである。1位の塩原ダムをはじめとして、茨城県の設置している観測所が12観測所のうち5箇所を占めているのに対して、国河川管理用の観測所は5箇所、気象庁は2箇所となっている。気象庁や国の観測所のデータだけでは豪雨の全容を把握できないこと、都道府県の観測が充実してきていることがわかる。

(2) 流域

洪水予測が天気予報と違っているのは、流域を考えなければならないということである。

気象の予測は、関心のある地点、または市町村、県などの区域について行うのであるが、洪水予測は関心のある地点・区域そのものよりも、そこを流れる川の上流の状態をまず予測しなければならない。洪水予測は気象予測よりも空間的に広い範囲、時間的に長い範囲を考えなければならないのである。

よく知られた例では、ナイル川の洪水はエジプトに降った雨で起きるのではない。カイロからナイル川に沿って何千キロメートルも遡った青ナイル川流域のエチオピア高原では乾期と雨期があって、乾期にはほとんど雨が降らない。雨期になって雨が降り始めると青ナイル川の流量が増大してエジプトでは洪水となる。ナイル川の上流は青ナイル川と白ナイル川に分かれていて、ビクトリア湖周辺から発する白ナイル川の流量が青ナイル川の流量に比べて安定しているのは、ビクトリア湖周辺での降雨が年間を通じてあまり変動しないからである。また、エチオピア高原では6月から9月までが雨期になるが、アスワンハイダムができる以前のエジプトで洪水になるのは、7月ころであった。ナイル川の場合には白ナイルと青ナイルが合流した後、スーダンにスード湿地という広大な湿地帯、すなわち自然の遊水地があるためによけい時間がかかるという事情がある。

(3) 洪水予測の基準点

水位、そのために必要に応じて流量を予測する地点を洪水予測の基準点という。洪水予測を行うとき、一般には基準点から上流の集水域の降雨を知らなければならない。(河口に近くて潮位の変動があるときなど、基準点の下流の水位が必要になるときもある。)

河川が十分大きい（長い）ときには、上流地点の水位がわかれば下流の水位が予測できることが多い。たとえば利根川では上流の支川が合流し終わる伊勢崎市の八斗島（やったじま）観測所で水位がどこまで上昇したかがわかると、中流部で渡良瀬川が合流した下流に位置する久喜市の栗橋観測所や、さらに下流の地点でどのくらいの水位になるかが、避難などを行うのに必要な時間の余裕を見て、おおよそわかる。

河川の規模が小さくなると、降った雨から下流の水位を予測したり、さらにはまだ降っていない雨を予測しなければならない。そして観測しなければならない雨、予測しなければならない雨は着目する基準点よりも上流の集水域での雨である。

集水域の小さい（狭い）流域から流出する洪水の流量についてはラショナル式が用いられる。

Q＝（1／3・6）ｆｒＡ（「河川工学の基礎と防災」18ページ）

ここで、1／3・6は1時間当たりの雨量ミリメートルとして表現される計画の降雨強度ｒと、1秒間にその河川断面を通過する水の体積として表現される流量Q、平方キロメートルを単位とする集水域（流域）面積Aの単位を合わせるための係数なので、重要なのはｒとAである。ただし、ｒとAはたがいに関連していて、同じ発生確率の場合にAが大きいほど、ｒが小さくなる。ｒの大きさは、集水域の上流端に降った雨滴が流れ下って基準点に到達するのに必要な時間の間継続するような豪雨の降雨強度であらわす。水路に沿って細長い集水域では同じ集水面積、同じ確率でも到達時間が長くなってｒが小さくなり、水路の幅などが小さくなる。

河川改修が行われている河川や人工水路の場合には、計画段階で到達時間と対応する降雨強度とが計算されているので、今降っている雨がそれと比較してどの程度になっているかということで危険の迫り具合が判断できる。

累加雨量を求めるときには、着目する基準点の上流で到達時間の間に降った雨として求める必要がある。

洪水予測の基準点は、河川に洪水が起きたときに、そこでの水位・流量がある河川区間を代表するものとして水位・流量の予測が行われる目標地点をいう。

洪水の流量といい、水位といっても場所を指定しなければ意味をなさない。従来から洪水予測は一つ、あるいは複数の地点を指定して行われている。その地点で最高水位はどのくらいになるかを予測し、さらには、いつ最高水位になるかを予測し、できれば水位の上昇から最高水位となって低下するまでの全体を予測することとなる。それらを洪水予測の基準点という。

しかし、個々の人にとっては、注目すべき地点、端的にはそこで堤防が決壊したら自分が水に浸かるような地点の水位に関心があると考えられるが、その地点が従来の洪水予報基準点と一致するとは限らない。一つ、あるいは少数の基準点が選ばれているのは、予測計算の便宜のためと、基準点での最高水位やハイドログラフがわかれば他の地点の水位も推測がつくということによる。多くの場合に、支川・派川の合流点・分派点から次の支派川の分合流点までの区間は流量が同じであると考えることができるので、その区間の1点を基準点にしておけばその区間の水位は不等流による水理計算で求めることができる。支川からどのくらいの流量が合流してくるかによって合流点から上流の本川でも水位が違ってくる背水の現象が無視できないときには不定流計算によることとなる。

基準点では水位が堤防を越えていなくても、基準点と基準点の間で越流することがある。たとえば２０１６年の鬼怒川洪水で越水して堤防が決壊したが、その上流の鎌庭観測所と下流の水海道観測所では越水に至っていなかった。観測所と観測所の間では過去の水位記録も無いことが多いので、予測の精度は良くないかもしれないが、何らかの方法で基準点と基準点の間の水位も予測してグラフなどで示し

表3.3 基準水位の一覧とその説明

危険度レベル	水位	洪水予報で発表される情報	市町村の対応	住民に求められる行動
5	氾濫の発生	氾濫発生情報	逃げ遅れた住民の救助	避難完了
4（危険）	氾濫危険水位	氾濫危険情報	避難勧告の発令	一般の人は避難開始
3（警戒）	避難判断水位	氾濫警戒情報	避難準備情報の発表	避難に時間を要する人は避難を開始
2（注意）	氾濫注意水位	氾濫注意情報	住民にも注意情報を広報	今後の発表に注意する
1	水防団待機水位		担当者は体制に入る	

ておけば巡視など水防も有効に行うことができよう。

洪水予報の基準点では表３・３に示すように、「基準水位」が定められるが、その中でも危険水位は、その基準点で代表される区間のうち最も危険な箇所が危険になるときに基準点ではどのような水位になっているか、水理計算を行って定められる。

基準点は古くから橋梁が架けられている場所であることが多い。水位を予測するのに、まず流量を予測し、その後にその流量に対応した水位を求めるという手法によっているからである。日本で洪水時に流量を測定するには安全性を考えて、橋の上から浮子を投下して浮子が一定距離を流下する時間を計って流速を求め、断面積を乗じて流量を求める方法がとられてきたので、橋が無いと測定が困難だったからである。

このため、基準点の水位標は橋梁のそばに設置されていることが多い。橋梁の下面（厳密には橋桁の下端）は、計画高水位の上に余裕を持たせた高さにすることになっており、路面は架橋地点付近の堤防よりも高くなっている。堤防から路面に上がるため、橋梁付近では堤防を部分的に高くすることになるが、そこに水位標が設置してあると、河道区間で最も危険な箇所では危険が迫っているのに基準点ではまだまだ余裕があるように見えるということがある。国土交通省「川の防災情報」では観測所の横断図に対応して水位が示されているが、基準点（観測所）によっては誤解を招きかねないことがある。横断図で現在水位や予測水位の値から危険度を判断するには、堤防高と比較するよりも、そこで指定されている基準水位と比較して判断する方が誤解のおそれが少ない。

（4）予測のリードタイム

予測の結果を避難などに活かすためには、関係する人に予測を伝達し、避難したり水防活動を行うのに要する時間を考慮しなければならないので、予測作業に当てられる時間が限られてくる。何時間先まで、どのくらいの時間をかけて予測しなければならないかは、流域の状況によって決まるが、問題となるのは流域が小さくて集水域と基準点との距離が短い場合である。

飯塚秀次らは、２００８年・２００９年に起きた水害・水難の事例を整理して、集水域の面積が10平方キロメートル以上であれば、Ｃバンドのレーダ雨量を用いて避難ができそうである、と報告している。第2章で見たように、２０１７年4月現在で日本全国をカバーしているＣバンドレーダ雨量計の情報は観測後おおよそ10分後に表示される。人が河道の中、あるいは河道のすぐそばにいて、そこから安全な場所までの避難時間を10分と仮定し、情報表示に要する時間と避難時間の和をリードタイムとすると、集水域面積10平方キロメートルの場合にはリードタイムを20分以上とれることになる。リードタイムがとれない雑司ヶ谷の水難事故のような場合には、集水域を監視しているだけでは足りず、より広い

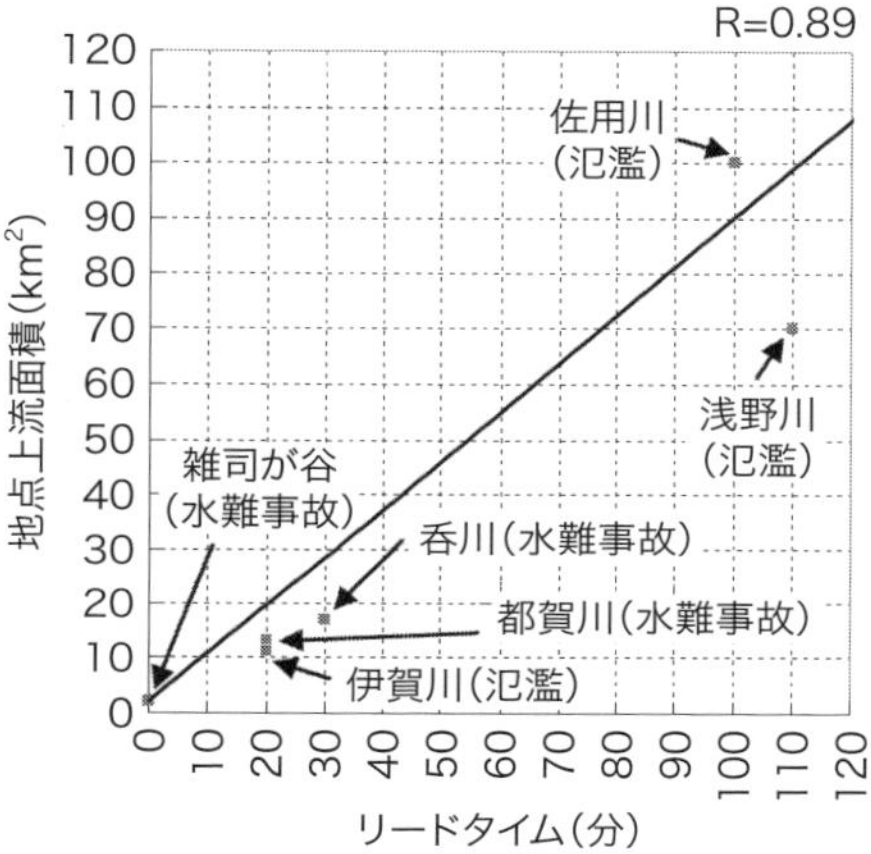

図3.1　水害事例のリードタイムと集水域面積の関係（飯塚・関沢による）

範囲に雨域があるかどうかを監視しなければならないことになる。

集水域の面積がさらに小さくなると、河川が小さくなる。また、流出ボリュームも小さくなるので、あいまって氾濫範囲も狭くなる。そうすると河道の中から外に退避するなど、短距離の避難で済むということである。

図3・1の横軸は情報表示に要する時間と避難に要する時間を加えたリードタイム、縦軸は着目する地点から上流の集水域面積をとっている。図の直線の右下にプロットされるとき、レーダ情報を見て判断すれば避難が間に合うと判断される。

(5) 点の予測から線の予測へ

基準点の予測だけでは住民にわかりにくいことから、河道に沿ってどの地点でも水位ハイドログラフを示すことが望まれる。基準点の水位だけを予測するのでは基準点と基準点のあいだの区間に危険になる地点があっても見逃されるおそれもある。たとえば、川幅が部分的に狭くなっているときにはその上流で水位が高くなるものである。河川に沿って縦断的に水位予測値を示すことは、不等流計算、さらに必要な区間については不定流計算法によれば可能である。

不定流計算は計算量が大きい計算であるが、最近のパソコンの進歩でリアルタイムでの計算も実用的になってきている。星畑國松はノート型のパソコンでも厳密に計算する方法を発表しているし、コンサルタント各社もプログラムを保有しているとのことである。不定流計算によると河道の各地点で刻々と水位が変動する様子が計算されるが、その結果は動画にするのがわかりやすい。従来の情報伝達手段である電話やファクシミリでは動画を送るのは困難であるが、インターネットであれば可能である。従来の洪水予報伝達体制に新しいチャンネルを付加することになる。

(6) 面の予測

洪水が河道の中に留まっているうちは線の予測でもよいが、氾濫水位の予測となると面の予測であり、時間要素も入れると４次元になる。氾濫した後の浸水区域や水深を予報することが水防法で定められている。面の予測はすでにタイのチャオプラヤ川の氾濫予測でスマートフォンを通じて情報を提供することが始められている。

3.2 流量の予測

洪水の予測においては、基準点を流れる流量を予測し、ついで予測された流量値を水位の値に変換するという手順が一般的である。中小河川においては観測された降雨量を用いるだけでは十分なリードタイムがとれないので、降雨量の予測から始めなければならないことが多い。

(1) 降雨予測

国が直接に管理している区間の洪水予測を行うのであれば、レーダ情報でなくとも、十分な数の地上雨量計があれば良好な結果が得られる。利根川の例では河口から180キロメートル遡った伊勢崎市の八斗島での水位観測値だけでも、河口から130キロメートルの久喜市栗橋から下流では一応の水防体制をとることができることを述べた。

大きな河川・流域では水位の上昇もおおむねゆるやかなので、1時間ごとの水位を予測すればほとんどの場合、十分である。

しかし、河川・流域の規模が小さくなるほど洪水予測が難しくなる。

小さな河川では水位の変動が激しく、1時間のうちにふだんと変わらない水位だったのが洪水になり、ピークが過ぎてしまうということがある。このような河川では雨量計もあまり多く設置されていない。全く設置されていないこともある。設置されていても、観測時間間隔が10分というのでは粗すぎる。

日本のダムは山間にあって集水面積があまり大きくない。一方でダムによる洪水調節操作を失敗するわけにはいかない。このような事情から河川管理用レーダの配置はダム操作のための情報網整備として始められた。

また、XバンドMPレーダの整備は、神戸市の都賀川水難事故など人口密集地での洪水予測と警報のために始められた。

小さい集水域では上流（といっても近いので、あそこに積乱雲が立ち上がって雨を降らせているとわかるようなところ）に豪雨が降ってから下流の渓流や小河川が増水して溢れそうになるまでの時間が短い。都賀川の場合では15分程度だった。（都賀川では雨域が上流から下流に向かって移動したことも急速な水位上昇につながった。）そうなると豪雨が観測されてから下流で避難や水防などの対策を始めたのでは間に合わないので降雨の予測が必要になる。

洪水予測をその初期から減水期まで行うには降雨を予測して流出モデルに入力する必要がある。降雨予測は集水域が狭いほど切実な問題となる。避難の準備と実行に要する時間を考慮すると、極端な場合にはまだ雨が降らないうちに準備行動を開始しなければならないからである。

ＸＲＡＩＮシステムを導入するうえでは、２５０ｍメッシュという平面解像度の高さと並んで、1分ごとに観測し、観測後1分あまりで降雨強度に変換された値を提供することができるので、都市河川の河川敷公園から退避する時間の余裕が10分程度は長くとれることが大きなメリットとして挙げられた。また、都賀川で見たように、集水域に雨が降ってから15～20分程度で流出してくるような河川では、5分ごとの観測値よりも、1分ごとという高い時間解像度の観測値がえられるということも、降雨の集中度を判断する上で望ましいことである。

ただし、1分ごとの観測値を生かすためには、流出モデルも構築し直す必要があろう。貯留関数法など、従来の流出計算法は1時間ごとの雨量を用い、水位も1時間ごとの観測データを用いて定数が定められてきたが、1分ごとの雨量を用いるとすると水位も1分ごとの観測値を用いるほか、流出モデルも「解像度」を高める必要があると考えられる。これについては、XRAINの観測範囲が広がり、Cバンド MPレーダの配備も推進されているので、洪水流出の事例も蓄積されて急速に開発が進むことが期待される。

XRAINで10分程度の時間が節約できたとしても、なお降雨の予測が必要な事例は多くある。レーダ雨量計が導入される前の降雨予測は、気象台の予測を用いるか、過去の降雨傾向が当面は継続するという、予測とも言えないことしかできなかった。レーダの画像を見ていると雨域の動きが直感的に把握できるので、過去から現在までのデータから一定のアルゴリズムで処理して将来の雨域を求めることができると期待されて、各種の方法が提案されている。

レーダデータのみを用いて予測する方法は、運動学的方法と呼ばれる。ある時点での雨域の動向を、平行移動、回転移動、拡大縮小に分解し、その傾向がある時間継続すると仮定して将来の雨域を予測するものであり、雨域がそうなるための気圧分布や空気の温度（地表と上空）といった気象力学的な要素を用いない。降雨現象を支配する物理的な力・プロセスについての情報を用いないので短時間で計算できるのが長所である。しかし、現象の表面だけに着目するものであるから1時間ないし2時間ほどもたつと予測と実績とが乖離するとされている。

都市内の河川で小さい集水域の場合には1時間ないし2時間の予測で十分実用になる。小さい河川・渓流ではそのくらいの時間で洪水が始まってピークに達し、下降に向かうところまでの過程がおさまってしまうからである。

一方、大きい集水域の場合には予測の必要自体が少ない。すでに降った雨で流出の主部が決まるので、あとは1時間ないしはもっと長い時間間隔で新しい観測データを入れて更新していけばよいからである。

精度の良い降雨予測が必要になるのは中間的な規模の集水域であるが、これに対しては気象庁が短期降雨予測など、気象力学的な要素を入れた予報を発表しているのによることができる。

降雨予測を最も必要とする実務の一つとして多目的ダムの操作がある。日本の多目的ダムは春先に満水にして、代掻き・田植期の農業用水需要に応えて放流しながら貯水位を下げてゆき、夏から秋にかけての出水期の洪水調節容量を確保するという運用をするものが多い。洪水調節の目的からは、さらに水位を下げて調節容量を少しでも増大させたいところである。ところが晴天が続いて自然流量が減ったときに下流に補給することを考えるとできるだけ貯水位を高くして、貯水量を大きくしておきたいという、相反する目的がある。降雨予測が精度よく行われて確実に流入量が増大することが予測できれば、貯めた水を洪水前に放流して洪水に備えることができると期待される。残念ながら現在の降雨予測はダム管理者が確信を持って事前放流の操作を行える程度の精度に達していない。

ＸＲＡＩＮシステムから得られる３次元の風向風速分布データから、積乱雲を「卵」の段階から追跡して降雨予測を行う実証試験が中北英一らによって行われている。広く強い雨域も個別の積乱雲が次々に発生し、集積したものであろうから、レーダの観測データから自動的に精度の良い降雨予測ができるものと期待されている。

人命損失を防ぐ観点からは、XRAINに比べると多少精度が悪く（Xバンドレーダのサイトから遠いところではCバンドレーダの方が精度が良いことも多い）、また観測とキャリブレーションに時間がかかるとはいえ、日本全国を覆っている現行のCバンドレーダ雨量計システムも十分活用できるものである。

都賀川の例では、鉄砲水が出た2008年7月28日14時40分から45分前の13時55分頃には東西に伸びる帯状の強い雨域が兵庫県中部を南下しているのが観測されていた（第1章第4節）。それが短時間のうちに都賀川流域にかかることは予測できたと考えられる。仮に兵庫県中部で南下が止まって停滞したとしても都賀川の流域界から遠くないところに雨域が存在していることだけで都賀川河川敷公園からの退避を指示することも許されることであろう。バラバラにしか配置されていない地上雨量計で雨域の全貌を把握するのは難しいが、レーダ雨量計であれば容易であり、キャリブレーションされ、全国合成が行われたレーダ雨量計が強い雨域を見逃すことは筆者の経験によれば無いからである。

（2）累加雨量の推定と予測

積乱雲は、激しい雨を降らせ、自動車のフロントガラスも見えなくなってしまう。XRAINで積乱雲の発生を監視して、その発達・移動を予測する実験が行われている。XRAINで濃密な観測を行っているからできることである。その結果をカーナビゲーションシステムなどで表示し、積乱雲の予測経路を迂回するよう誘導すれば渋滞を軽減し、事故を未然に防止することもできると期待される。

しかし、孤立した単独の積乱雲だけで「水災害」がもたらされることはあまりない。というのは積乱雲が一箇所にとどまってその場所に雨を降らせ続けることは少ないからである。

水災害を引き起こすのは、積乱雲が次々に移動してきて、ある積乱雲が10ミリの雨を降らせ、次にきた積乱雲が15ミリ降らせ、というように積み上げてゆく場合である。このような事情はレーダ雨量計の画像を見ていると体得される。その上で、ある範囲、具体的には着目する地点の上流集水域を注視しながら履歴再生すると、累加雨量が増大している状況が感じ取れる。

強風の場合には、ひとたび強風が吹くとその強さに応じて被害が出る。短時間の強風の影響があとに残る。これは竜巻の例を見ればわかるであろう。また、地震の場合にも、震動の継続時間が秒単位という短時間であっても被害が出る。

豪雨の場合には累加雨量が重要であるので、レーダ情報も降雨強度だけを提供するのではなく、累加雨量の分布図などが提供されることが望まれる。

ここで注意しなければならないのは、河川の規模によってどれくらいの期間について累加して考えなければならないのかが違ってくることである。

小さな集水域であるとそこに降った雨が短時間で河道・水路を通って流れ去ってしまうので、短時間の累加雨量に着目することとなる。一方、大きい集水域の場合には、最上流に降った雨が基準点まで流れてこないうちにその途中でまた雨が降ったりして、出口での流量が大きくなってゆく。どちらの場合も、集水域の上流端に降った雨が下流の基準点まで流れ出てくるのに必要な時間を推定し、その間に降った雨量を累加することになる。

大きな集水域の場合には大小の支川がどのように分布しているか、など複雑な条件がからむので、それに応じた流出モデルを組み立てて係数を定め、毎時刻の雨量を入力して計算する。

(3) 線状降水帯の予測

2014年8月の広島災害で線状降水帯という現象が広く知られるようになった。線状降水帯が停滞すると累加雨量が極めて大きくなる。あたかも一本の線上を積乱雲が次から次へと成長し、雨を降らしながら移動してゆき、結果として帯状に多量の降水がもたらされる。

レーダ雨量計画像を見ていると、線状降水帯が活動しているときにははっきりとわかる。しかし、線状降水帯がこれから発生するかどうかはわからない。線状降水帯の発生の予知は気象学の発展を待たなければならないであろう。那須地方の豪雨でも、鬼怒川の堤防決壊をもたらした豪雨でも、強い雨域が動いてゆくのがはっきりとわかり、その方向に風が吹いていて積乱雲が押し流されているかのように見えるのであるが、実際には違っていて、むしろ雨域の移動方向と風向きは直交に近いようである。積乱雲に水蒸気を供給している気流のバランスによって線状降水帯が発生し、持続していると考えられる。いいかえればレーダ雨量計の画像の動きではなく、雲の動きとは方向が異なる風の動きを予測しなければ線状降水帯の発生を予測することはできない。密に配置されたXRAINで降雨強度だけでなく空中の風速も観測されているので、線状降水帯の観測データの蓄積が進んでその発生を予測できるようになることが期待される。

すでに国立研究開発法人海洋研究開発機構と気象庁気象研究所によるチームが、ひまわり衛星データなどをもとにスーパーコンピュータ「京」を使って豪雨を予測する研究を行っており、2015年関東・東北豪雨の際の線状降水帯も半日前に予測したと報道されている（２０１７年1月7日読売新聞）。

また、２０１６年10月現在で、ＸＲＡＩＮやＣバンドレーダのデータが、地球環境情報統融合プログラム（ＤＩＡＳ、東京大学が中心となっている）に送られて蓄積されている。レーダデータはいわゆるビッグデータの代表例ともいえるが、近年ディープラーニング法の開発で人工知能（ＡＩ）の方法が急激な進歩を遂げており、過去の降雨パターンの変化の解析をもとに降雨を予測する研究も今後進展することが期待される。

以前にもニューラルネットワークというＡＩの手法を用いた降雨予測が発表されたが、必ずしも普及していない。理由の一つとして、計算機の能力不足もあって地上雨量計の時間変化データをもとにしていたときには、地上雨量計の配置はあまりにまばらであって、雨域の発達・移動の特徴が十分捉えきれないことが予測にも影響すると考えられたこともあろう。

ニューラルネットワークでレーダのデータから予測することも行われたが、気象物理の素過程（大きな現象をより基本的なプロセスに細分したものを素過程という。ここでは降雨という大きな現象が水蒸気の蒸発・凝縮などの素過程に分けられ、それぞれが方程式で表現され、連立方程式として解かれる。）を飛ばして予測することになる。一方で雨域の移動だけで予測するという直感的な方法でもないためか、普及していないようである。

筆者は、気象物理の素過程を飛ばすということよりも、全体がブラックボックスに入っていることが、その結果を用いて洪水予測をすることになる担当者として不安を感じたものである。

最近になって開発されたディープラーニングの手法を用いて、囲碁においてもコンピュータが人間のチャンピオンに勝ったというニュースがもたらされた。これにXRAINなどの膨大な観測データの集積と、やはり近年増大している計算機能力を組み合わせればよい答えが出ることも期待される。

レーダ雨量計情報を用いた従来の降雨予測は、レーダ画面のパターンがどの方向に移動しているかを計算するもので、具体のイメージを把握しやすいのに対して、AIの手法はブラックボックスの中に入っていてプロセスが把握しにくい。それをプログラムした人も詳細な動きはわからないのだ、と説明されるとますます使いにくい。しかし、ディープラーニングの手法は、気象物理の素過程を一つ一つ追跡しようとしているのではなく、その素過程が過去のパターンにすでに入っているのだと考えていると も解釈できよう。すると過去のパターンを参考に予測するのは、数学でいうと問題を一つ一つ解いているのではなく、過去の計算結果から似ているものを選んで答えとしているのだとも解釈できる。また、遺伝的アルゴリズムなどの手法で素過程に含まれるパラメータの最適化をはかることも考えられるのではなかろうか。

DIASの成果に注目したい。

(4) 分布型流出モデル

「分布型」とは「集中型」に対する用語である。集中型流出モデルというとき、データの存在状況などを考慮して、全体流域を一つ以上の小さな部分流域に分割するが、部分流域の中では地形・地質などからきまる流出モデルのパラメータが一組に固定され、モデルに入力される外力としての雨量が一つの部分流域に一つ与えられる。全体の流出は部分流域からの流出を、適切な時差を付けて足しあわせて求める。「河道」という要素を導入して、単に時差をつけるだけではなく、ハイドログラフの変形を表現することもある。

レーダが導入されるまでは、流出モデルは集中型モデルによるほかなかった。集中型モデルで部分流域を細分していくと、地形・地質の特性を細かく表現できるようになる。しかし、入力としての降雨が粗いスケールで与えられるだけでは分割を細かくしたメリットが生きてこない。しかも小さな部分流域ごとのパラメータを推定する方法がないということから、流域分割を小さくすることはあまり意味のないことであった。

レーダ雨量計が実用化されて、１キロメートルメッシュの雨量が求められるようになって分布型モデルのメリットが活かされるようになった。入力がレーダ雨量計で細かく与えられると、次の問題は部分流域のパラメータをどのように求めるかが問題になる。

流域のパラメータを決める方法に、概念モデルと物理モデルがある。概念モデルとは、集中型モデルを考えたのと同様に、個々のメッシュにタンクの系列、あるいは貯留関数などを対応させるというものである。部分流域ごとに多くの数のパラメータを決めなければならないが、モデルを検証するための流出データはふつうのばあいきめ細かくは得られないので、類似の流域から得られた経験式を適用するなど簡便法をとることになる。

これに対して物理モデルは、地表に降った雨がどのように地下を、あるいは地表を流れて河川水路に流出してくるのかをシミュレートするために、浸透・流出の現象を細かく分解して（流出の素過程という）素過程ごとにパラメータを与える。素過程のパラメータは、斜面の勾配、土壌の層厚と浸透係数などであるが、試料を採取し土質試験などを行って求めることができるし、すでに公表されている土壌分布図などから読み取ることもできる。土壌の層厚は現地を踏査して、代表的な地点で実測する。斜面の勾配は地形図から読み取るが、デジタル標高地図が普及しているのでパソコンプログラムでパラメータを計算することができる。

概念モデルも、物理モデルも、いずれもできるだけ多くの観測結果を用いて、パラメータを微調整する必要がある。物理モデルといってもメッシュごとに多数のパラメータを決めるのは大変なのでグループ分けしなければならないし、メッシュの中でも代表値とはどれかという問題がある。理屈では一つのパラメータで全部の降雨流出を再現できるはずであるが、そう理想的には行かない場合が多い。大きな災害につながるようなタイプの洪水の再現を重視してパラメータを定め、実際の予測に当たって実績値に合うようパラメータの一部を修正できるようにしておくことが考えられる。

3.3 水位の予測

集水域が明らかになり、そこでの降雨状況がわかると着目する地点の水位を予測する。水位を予測するには、雨量から直接に水位を求める方法と、まずその地点を流れる流量を計算し、流量から水位を求める方法とがある。

（1）雨量からの直接予測

日本で最初に行われた洪水予測は上流の雨量から直接に下流の水位を予測するものであった。

1924年ころ農林省林業試験場熊本支所（当時）の上野巳熊は筑後川の上流、小国（おぐに）で観測された雨量の累加値から下流に位置する久留米市瀬ノ下地点の水位を求める方法を見出した。当時は雨量観測所の数も少なく、その中でも時間雨量を観測する観測所は少なかったので小国地点だけの値を用いたのであろうと推察される。観測値をロール紙などに自動的に記録する自記雨量計がなかったので、時間雨量を求めるためには雨が降っている最中1時間ごとに露場に出て雨量計に溜まった雨をメスシリンダーで測るほかなかった。（筆者が1972年に足利市の渡良瀬川工事事務所に勤務していたときも、台風となると徹夜して1時間ごとの観測を続けていた。）下流の方でも自記水位計がまだ無くて、「久留米市の瀬下には、明治一八（1885）年以来の水位記録が三六五日二四時間記録として残っていました。年中毎時水位を読むのですから、量水番は河川敷に小屋を建てて寝泊まりし、一時間おきに起きては水位を記録したのです。家族ぐるみで二交代で観測した」という*01。

このような状況であったから、上野の方法は極めて原始的な洪水流出計算で、求められるのは最高水位とその生起時刻だけであった。その後雨量観測網が整備され、遠隔地で観測されたデータを伝送するテレメータシステムが導入され、上流ではレーダ雨量計まで開発・設置されるようになった。下流でも水位計が自記化され、テレメータ化された。利根川水系の神流川では建設省土木研究所（当時）の竹内

*01　高橋裕「川から見た国土論」鹿島出版会、2011年

表3.4 洪水予報のための通信システムの歩み

年	事項
1948頃	人間の目で計器を読み、電話・電報で報告。経験による洪水予報
1950	無線電話を導入（非常時のみ）
1951	VHF電話を導入し、通常時も使用可能となる
1952	最初のテレメータシステムを配備、電話線を利用
1956	多重データ伝送回線を導入
1970	洪水予報にデジタル計算機を導入（管理事務所のみ）
1972	デジタル計算機を各地方の地方建設局本局に導入
1976	洪水予報のため、各事務所を高品質の回線で結ぶ
1976	利根川流域にデジタルデータ伝送回線を導入
1977	赤城山に最初の河川管理レーダを設置
1986	河川情報センターから市町村に向けての情報提供を開始

俊雄らが精力的に雨量・水位・流量の観測を行い、そのデータから木村俊晃が日本などに適した洪水流出の計算手法として貯留関数法を開発した。上流の降雨も、下流の水位も、時間的・空間的に高い解像度で得られるようになったので貯留関数法などの計算法も実用的なものとなった。

河川管理に関わる電気通信施設は表3・4のように年を追って整備が進められた。第二次大戦直後にはまだ電話も普及しておらず、市外通話は順番待ちでつながるまで数時間かかったので観測データは電報で伝達されていた。そういう状況の中で台風がひとたび上陸すると千人の死者が出るという被害が相次いだのであった。

また、図3・2には利根川流域に設置された雨量計と水位計について、目視による測定から自記記録となり、テレメータ化される状況を示す。第二次大戦後の1947年には観測所の数も少なく、利根川流域にテレメータが導入されたのは1965年頃になってからであった。

1910年にパリのセーヌ川が大氾濫したとき、洪水予報の基準点で実際の水位が6・25メートルだったのに洪水

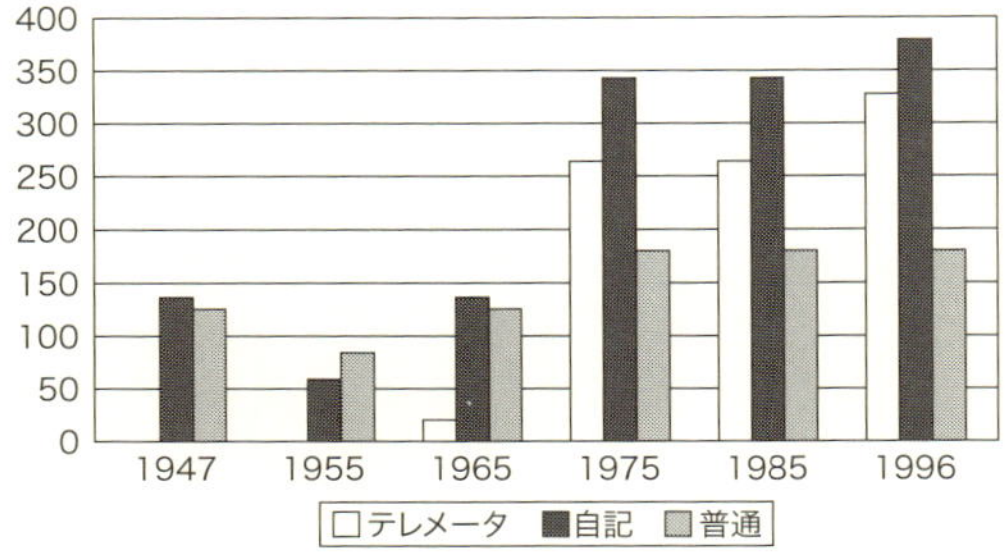

図3.2　利根川流域における雨量計・水位計整備の進展

データが蓄積され、手法も高度化してきたが、やはり降雨ごとに現象に個性があり、理論も完全ではない。

予報を担当していた河川情報局が発表した予報はそれより１・25メートル低く、大幅に外れてしまった。それはこの道十一年のベテラン予報官がその間病気で休んでいたためだったという。「（セーヌ川の洪水）予報値は、膨大な量の過去の水位変化のデータと現在の水位変化を照らし合わせて出されるのだが、現在の状況が過去のどの洪水に似ているのかを探し出すことが難しかった。参照すべきデータを見つけるには、ベテラン予報官の経験と勘が必要だった。」*02

現在の日本では流域をモデル化して降雨を入力し、流量や水位を求める方式が中心になっているが、上流の雨量・水位から下流の水位を求める経験的な方法も代替手段として、また電算機システムから出力される結果をチェックし、解釈するためにも研究しておくべきものである。国土交通省水管理・国土保全局が整備しデータを蓄積している「水文・水質データベース」は、過去の洪水から類似例を探し出して活用することが大きな目的の一つと考えられる。

国土交通省が管理している河川区間では、最高水位の値とその生起時刻（ある現象が起きる時刻、こ

*02　佐川美加「パリが沈んだ日」白水社、２００９年

こでは最高水位に達する時刻）という単純な結果からはじまって、一洪水の始めから終わりまでの水位・流量を時刻を追って予測するようになっている。また国土交通省が発表しているデータを使えば、国土交通省以外の人・組織でも水位予測が可能である。

　レーダ雨量計のデータが得られるようになって、広い集水域を細かく分割して細分された部分集水域（メッシュに切ることが多い）では降雨後の水の流動をできるだけ物理的な過程（素過程）に分解して客観的に測定することのできる物理量と関連づけて流出を計算する分布型流出モデルも適用されている。しかしながら、分布型流出モデルで物理的な素過程まで再現するとしても、ある段階では測定データが収集しきれなくなるので、なにがしかの仮定を導入しなければならなくなる。少数の雨量計から流域平均雨量を求めていることが流出予測の誤差の一つの要因として考えられるので、レーダ雨量計を用いて降雨量を求めれば従来型の概念モデルを用いる方法も十分に実用性があると考えられる。

　上米良秀行は人工衛星に搭載した受動型のマイクロ波放射計（ＰＭＷＲ）、地上のレーダ雨量計、地上の雨量計を用いて流出計算を行い、実測の流量と比較している。その結果、地上のレーダ雨量計が実流出とよく一致している例、レーダ雨量計を用いても地上雨量計を用いても大きな差の無い例があるが、総じてレーダ雨量計の方が最も実測流量に合っていたと報告している*03。レーダ雨量計が集水域の中での降雨分布を最もよく観測していることがこの結果をもたらしたものであろう。同様のことは利根川ダム統合管理事務所に在職していた木暮陽一も利根川上流域においてレーダ雨量計開発段階で見出し

*03　上米良秀行「複数の目で雨を見る」平成28年度河川情報シンポジウム講演集、２０１６年

ており、それがレーダ雨量計開発の推進力となったという*04。

従来型モデルは地上雨量計のデータを用いるようにシステムが構築されているとしても、インプットするのは流域（集水域）平均雨量であるので、雨量データをレーダ雨量計に切り替えればよい。大きな流域、たとえば長良川流域において深見親雄らが分布型流出モデルと貯留関数モデルを比較した結果では、地上雨量計データとレーダ雨量計データのどちらを用いても大差が無いとしている。

国が管理しているような大きな河川の集水域の場合にはすでに設置された雨量計も多いが、小さな集水域の場合には地上雨量計が1個もないことさえある。小さな集水域から飛び出してくる鉄砲水こそレーダ雨量計が威力を発揮するものであろう。

飯塚秀次らは、レーダ雨量計の利点をつぎのようにまとめている。

①流域内の僅かな地上雨量観測所、ときには流域外の雨量計のデータで流域平均雨量を求めるのは誤差が大きい。

②必要な数の雨量観測所を新設するのは時間と費用がかかり、近傍の類似河川とのバランスを欠く恐れが大きい。

③レーダ雨量計であれば1キロメートル、あるいは250メートルという小さなメッシュで観測しているうえ、1箇所（1台）の計算機で複数河川（複数箇所）の予測を行うのも容易である。

*04　木暮陽一ほか「座談会 国土交通省レーダ雨量計の開発経緯と今後の活用に向けて」河川2016年9月号

(2) 水位予測に求められる精度

水位予測の絶対値の精度は多少粗くてもよいと考えられる。洪水時の河川水位はかなり変動していて、水位とは何か？　どこを測った値か、最大値か平均値か……？ということが問題になるくらいである。予測が低い方に振れすぎるのは困るが、高い方はある程度の振れを許容してよいであろう。

もちろん、水位は堤防から溢れるかどうか、堤防が無い場合には河岸のどこまで浸水が広がるかという重要な指標であり、精度よく求まることに越したことはない。しかし、堤防高を超えたら直ちに決壊するということではなく、さざ波のようになってときどき溢れるのと確実な水流として溢れるのとでは危険度が大きく違う。堤防の上に土嚢を積んで水防しなければならない程度の水位になることがわかればよいものである。

最高水位の値だけでなく、高い水位の継続時間も重要で、堤防を越えなくても決壊することがある。1976年長良川の決壊の時には、水位が堤防高に及ばなかったにもかかわらず決壊した。これは長時間にわたって上下しながら高い水位が継続したために堤体に水が浸透して土の強度が弱くなったからである。

しきい値がいくつかあって、堤防が存在するときには堤防高さが重要であり、堤防が無いときには河岸の高さがしきい値となる。河岸から浸水が広がるときには日本の家屋の場合、床上と床下とで大きな差がある。さらに二階建てのときには二階の床面まで上がるかどうかというしきい値がある。

バングラデシュの洪水では、農村の貧しい人たちは最初はベッドに上がり、次には屋根に上がり、屋根も水没しそうになってようやく避難する、これは避難中の盗難を恐れるからであるという。

①精度は低くても、しきい値に達する恐れがあるかどうか、超えるかどうかが重要である。

②氾濫した水がはるか流下してゆくときには平均的な水位が重要になる。

③大略の値としては、10センチメートル程度の差であれば十分に実用的である。

絶対値よりも、「警報の値はほとんどが、それらのタイムリーさ（人々は住居と防御されていない財産を放置したままで避難することに気が進まないので、生存の可能性が残されている最後の瞬間まで避難を躊躇する）と正確さ（予警報の信頼性に影響する）、準備と避難とメッセージ周知システムが効果をあげるのに必要な時間的な余裕（リードタイム）を持っているかどうかによる。」とされる＊05。

（3）水位流量曲線

流出計算によって流量が求められるが、一般に流量のままでは水防活動あるいは避難などに使うことができないので、流量を水位に変換する必要がある。

流量から対応する水位を求めるためには、水位流量曲線を用いて流量を水位に変換するのが一般的である。同じ流量でも洪水の上昇期と下降期とでは水位が違うことがある。例えば星畑が鬼怒川の２０１５年の洪水再現計算を行った計算結果によると、数十センチの違いがある。

＊05　土木学会津波研究小委員会編「津波から生き残る」土木学会　２００９年

このように流量から水位に変換するときには同じ流量でも水位が違うという現象に注意する必要がある。これは上昇期と下降期とでは水面勾配が違うためである。

また河道を横断して堰などが設けられていると、ゲートが開いているときと閉じているときとで上流の水位流量曲線が2本に分かれるときがある。ゲートが閉まって水が堰上げられているときには、同じ流量が流れていても、上流側の水位はもちろん高くなる。

この現象は洪水の最盛期にはあまり問題になることではないが、洪水の初期ではそういうこともある。計算値と観測値を合わせるためにフィードバック計算を行おうとする時に不適切なパラメータが採用されることにもなりかねないので、着目点の下流の河道にこのような構造物があるかないか調べておく必要がある。

直接に流量から水位に変換するためには、不定流計算など、河道における洪水の伝播について計算する現象を表現できる方法によるのが望ましい。不定流計算法は計算法としては十分に成熟してきているように見えるが、最近でも星畑國松が基礎方程式を陰形式のまま解く方法を示すなど、研究が続けられている*06。しかしながら不定流計算は必要なデータが多いこともあってまだ必ずしも実績洪水に適用した経験が豊富であるとは言えないので、今後も観測を続けて、いろいろ試行錯誤する必要があろう。

洪水時の水位計算結果を解釈するときには、洪水時の水面が完全に水平なのではなく、左右岸・上下流方向に波打って流れたり、小さなさざなみが立ったりして数10センチの差の変動はあるというふうに

*06　星畑國松「流量仮定型不定流計算法による不定流計算―利根川水系を事例として」水利科学333号・334号、2013年

考えるべきである。極端な場合には三角波と呼ばれる大波が生じることもある。

（４）結果の解釈

計算結果の数値をそのまま用いて行動を決定するのではなく、計算結果には種々の誤差が入っている可能性があることを前提にして、結果を吟味してから行動を決定するのがよい。

レーダ情報の位置情報にも時として問題があり、隣の流域に降っていると観測されている雨がこちらの流域に降っている可能性もあるし、観測値が地上雨量計と異なる可能性があることも見たとおりである。流出計算モデルの構成、モデルに用いるパラメータも、いま目の前で降っている雨には適用すべきでないかもしれない。

このように誤差の要因は観測から計算までの各段階にあるので、結果の解釈にはある種の余裕をとるべきである。

ＸＲＡＩＮの設置によって２５０メートルメッシュの情報が1分ごとに1分遅れで入る。それから視覚による直感的な予測、あるいは高度な予測計算によっているからといって、あと3分間は河川敷の遊歩道にとどまっていても安全だ、と楽観側で判断すべきではないと思われる。豪雨が降ってきたとき、河川敷の中で雨宿りするのではなくて、豪雨域が流域に近づいてきたのをレーダで感知した段階で河川遊歩道から堤防の上など安全な場所に移動するべきであろう。

3.4 情報の伝達

得られた予測結果はすみやかに、そして確実に、情報を必要とするユーザーである水防組織や市民に伝えなければならない。水防団はいわばプロの集団として一定の知識を有していると考えられるので、何時間後かの水位と、それに対応した活動の指針を示せばよいが、避難などを行う市民に対してはできるだけ誤解されないような、わかりやすい表現で予報を発表する必要がある。

予報文の形式・内容も練られてきている。予報に用いる用語については、なるべく専門用語を避けて耳で聞いてわかる言葉にするなど、誤解をさけ、わかりやすくするための検討が行われ、改善が図られてきている。

現在では、洪水予報を伝達するのに複数の手段が可能になっている。

(1) 電話

予報文のひな形の空欄に数値や地名などを入れ、複数選択の欄ではいずれか1項目を選んで文章を構成する手法は、電話による予報文の伝達のために好都合であった。しかし、電話で情報を受けるのは主として市町村役場の職員であるが、防災活動で非常に忙しい上に、とりわけ出水期の初期にはそのような用紙の所在が周知されていないこともある。人手を要し、時間もかかるので過去の手法となった。

しかし、電話は発信者と受信者がリアルタイムに応答しながら意思疎通できる、かけがえのない手段である。発話の調子などから、文字情報で表せない緊迫度や信頼性などもあわせて伝わる。ファクシミリや電子メールで重要な予報を発信したときには同時に電話で受信の確認をとることが危機管理の基本である。受信の確認では発表時刻とタイトルを伝えるだけでも意図が伝わる。さらに急を要するときには発表機関の代表者と市町村長との間の直接連絡が有効であり、事前にホットラインを設定しておくようになってきた。

(2) ファクシミリ

電子メールなどが普及してきたが、文章の伝達手段としては現在も主流になっている。電話に比べてファクシミリでは背景説明まで含めた長文の予報文も送ることができ、図表などを用いたわかりやすい説明も可能になる。長い文であってもファクシミリ回線がつながれば通信は容易であるが、緊急時に長文の資料をくまなく読む時間があるかどうか、長さという点でも可読性を考慮する必要がある。

ファクシミリ固有の問題として、送り手側は送信したつもりでも、相手に届いていないことがある。電話回線が1回線しか接続してない状態でファクシミリ機のメモリー・自動送信機能を使うと、多数の相手先に順次ダイヤルして接続し、送信する。そのとき、話中であれば時間をおいてまた接続手順を繰り返す。そうしているうちに情報のタイミングを失してしまうことが２０００年9月秋雨前線及び台風14号による東海地方の豪雨の際に起きた。また、受信者の側から見ると、ファクシミリ受信機には種々の機関から通報が届くので、どれが重要な情報なのかわからなくなることもあるようである。

ファクシミリによって図面なども送ることができるようになったが、重要な情報を発信したときには電話によって受信を確認する必要がある。

（3） ICT技術

近年はICTの発達によって、中でもウェブや電子メールの技術でレーダ画像などやカラー図面さらには動画も含めて容易に伝送できるようになってきた。特に携帯電話を利用したメールシステムは受信者を絞り込むことができるので、受信者の個別ニーズに合った情報を送ることができる。一方でどのようにデータを加工して情報を伝えるか、情報を利用する状況に即して決める必要がある。

一般公衆に対して情報を提供する場合、対象人数を把握するのが難しいのでサーバーシステムの能力設計が問題になる。そして、公共情報提供サイトをねらう犯罪に対するセキュリティ確保が重要になっている。

個別ニーズに特化した情報を必要とする組織には観測データのみを提供するサービスも始められている。

特に組織と組織の間の情報伝達の場合、ウェッブやメールによる伝達が便利になったとしても、重要な情報が実際に届いて、受け手に認識されているかどうか、やはり電話というリアルタイムで1対1の情報交換ができるシステムと併用することによって伝達の確実性を上げる必要がある。

（4） 放送

テレビ放送は防災情報を受ける手段として最も多く使われており、デジタルテレビの時代となって、データ放送との連携も可能になっている。情報を広く一般に広めるためには、洪水予報の発表者もいっそう積極的に放送機関との連携を図る必要がある。

地震があり、津波が心配されるときにはまずテレビを見ることが一般の人の習慣となっているが、雲行きの怪しいときにもテレビを見るというようにしてもらう、そのためには平素からテレビ局との連携をとっておく必要があろう。

コラム　世界の河川の洪水流量

ＷＭＯは、世界中から河川の観測最大流量を集め、集水面積の順に並べて整理している＊。中国（台湾は〝Taiwan Province of China〟または〝Taiwan, China〟と表記）、アメリカ合衆国、メキシコ、フランス、日本（新宮川と仁淀川）、フィリピン、インド、北朝鮮（People's Democratic Republic of Korea）、韓国（Republic of Korea）、マダガスカル、バングラデシュ（〝Bengal〟と表記）、ロシア、ブラジルのデータが入っている。集水面積の小さい河川では中国のデータが目立つが、他の国ではそこまで小さい河川で流量観測をしていないのでランクに入ってこないという可能性もある。

このデータから最大流量Qmaxについて、

集水面積Ａが３００平方キロメートル未満は $Qmax = 154A^{0.078}$

３００から３百万平方キロメートルまでを　$Qmax = 183A^{0.316}$

という式を求めている。ちなみにブラジルのアマゾン川オビドス地点では集水面積４６４万平方キロメートルなので式からは約23・４万トンになるが、観測値は30・３万トンであり、この式の適用範囲から外してある（㎥／ｓを「トン」と略称した）。別格ということなのだろうか。１９５３年６月の観測ということであり、観測船から流速計を一定間隔で下ろして測る方法によると数日間かかるはずで、その間に流量は変化しなかったのかどうか、疑問がある。近年であれば超音波を用いて水中の流速分布を求めるＡＤＣＰを用いれば数時間で測定できるので、もっと確かな値が得られると考えられる。アマゾン川はオビドスの下流でも大きな支川が合流するが、川幅があまりに広いので観測

＊WMO"Manual on Estimation of Probable Maximum Precipitation（PMP）, 2009"

をしていないのだろう。

　この式は世界記録から求めたものなので、集水面積に対して可能な最大流量をあらわしているとも解釈できよう。小本川赤鹿地点の集水面積は全川の流域面積に近いので７３１平方キロメートルをこの式に入れて計算すると１４，５００トンとなり、50年に1回発生する降雨（再帰期間50年）で３，０００トンとされている基本高水流量の４・８倍になる。国土交通省資料によると東北地方太平洋側の最大雨量は四国南部と比較して7割程度であるから、すこし割り引いても1万トンと基本高水流量の3倍くらいの洪水が発生するという、とんでもない結果になる。

　一方、新宮川相賀の１９，０２５トン、仁淀川伊野（″Ｌｎｏ″と誤植されている）の１３，５１０トンはすでに世界記録になっているので、これ以上の洪水が発生する可能性は小さいのかもしれない。

　日本各地の河川を見て回ったとき、大分県大野川の犬飼観測所の下流の渓谷部で、「１９９３年の洪水ではこの道路ひたひたまで水が来たんですよ」と説明されたが、深い谷底を流れる川を見てにわかに信じることができなかった。改めて大野川犬飼地点の集水面積1，２３９平方キロメートルを式に入れると1万7千トンにもなる。これに対して基本高水のピーク流量は９，５００トンであるから2倍弱になる。また、メッシュ地形図から横断図と縦断勾配（１／５００）を求め、既往最大流量8，８００トンが流れるとすると水深が約13・5メートルとなって、水位は道路の路面高に近い。

　とてつもない洪水が確かに起こりえるのだ、と改めて感じた。

3.5 洪水予測システムの実際

洪水予測システムを構築した例を、おおよそ小さい流域から大きい流域への順で紹介する。必ずしも網羅的ではなく、筆者が関わったり、面識がある人たちの報告から任意に選択しているが、最近はどのようにしてシステムが構築されているかを知ることができよう。

(1) レーダ雨量計情報を利用したアラームメールシステム

河川情報センターでは、東日本大震災で水位計破損の被害を受けた多くの小河川について、レーダ雨量計情報をもとにして下流の水位が警戒値に達すると予測されるときに関係者の携帯電話にアラームメールを発するシステムを構築している。以下、佐藤宏明らの報告から概要を紹介する*07。

このシステムは、雨量計や水位計が設置されていない地域や、地震・津波によって水位計が破損した地域でもレーダ雨量計を活用して洪水危険度を知らせるものである。また、危険度情報は携帯電話のメールで、各県の河川課・土木事務所等職員など関係者に配信されるので、その情報を必要とする人に確実に伝達される。

洪水危険度の評価基準は次のような手順で求めた。

*07　三代俊一・飯田進史・佐藤宏明「レーダ雨量計を活用したアラームメールシステム」平成23年度河川情報シンポジウム講演集、2011

①河川の横断図作成：震災後にレーザープロファイラーを用いて被災地全域の測量が行われているので、その結果から横断図を作成した。

②危険度情報を発する水位を定める：堤内地を含む横断図から危険度情報を発すべき水位を定めた。

③危険度情報を発する水位に対応する流量を定める：水理計算によって②で求めた水位に対応する流量を求めた。このとき、現地調査からマニングの粗度係数を仮定した。水理計算は不等流計算によった。

④ラショナル式（第1節参照）を用いて危険度情報を発する雨量強度を求める：雨量強度は③で求めた流量からラショナル式で求める。流出モデルとして貯留関数など、より高度のモデルを用いる考え方もあるが、ラショナル式に比べてより多くのパラメータを指定しなければならず、観測実績がそもそも存在しないか、きわめて乏しい集水域においてはモデルだけを精緻なものにしても実効性に乏しいと判断された。

⑤クラーヘン式を用いて洪水到達時間を推定する：ラショナル式のパラメータとして洪水到達時間が必要になるが、クラーヘン式を用いた。クラーヘン式は表３・５のように、流路の勾配だけから洪水流出速度を求め、流路延長を洪水流出速度で割って洪水到達時間を求めるという簡便な式であるが、このシステムは当面、関係者に警戒をうながすものであり、運用しながら流出係数も含めて調整することとなる。雨量強度は全国を覆っているCバンドレーダのレーダ雨量計を用いる場合、洪水到達時間を５分よりも細かい単位で求めることはできないということからも、ク

ラーヘン式で概算してよいと考えた。将来において1分ごとに250メートルメッシュでレーダ雨量計データが得られるようになったとき、それに切り替えることは容易である。

⑥流出係数の算定：ラショナル式に用いる流出係数は、国土数値情報の土地利用細分メッシュデータ（約100メートルメッシュ）を用いて流域内の土地利用面積割合を集計し、土地利用ごとの流出係数を面積で荷重平均して算定した。

表3.5　クラーヘンの式

流路勾配	洪水流出速度(m/s)
1/100以上（急）	3.5
1/100～1/200	3.0
1/200以下（緩）	2.1

このようにして、岩手県内の18河川20地点、宮城県内の7河川8地点について、氾濫注意水位と氾濫危険水位に相当すると考えられる水位に対応する降雨強度を基準値として設定した。これらは流下能力に相当する降雨強度に対して6割を注意値、8割を警戒値として2段階で配信した。パイロット実験として両県の河川管理担当者に配信された。システム構成図を図3・3に示す。

本システムは2011年3月11日の震災後直ちに構築を開始し、5月末にはシステム構築が完了した。6月から宮城県職員に、7月末からは岩手県職員に対してアラームメール配信の試験運用を開始している。多数の河川・地点の洪水予測システムであるが、最小限の現地調査を除いて基礎資料をすべて既存のものを用いたこと、レーダ雨量計情報の受信とシステム構築の便宜からサーバー等はすべて東京に設置されたことも稼働開始までの期間を短縮できた要因と考えられる。2011年11月10日時点までに注意値超過と警戒値超過を合わせて44回アラームメールが配信された。

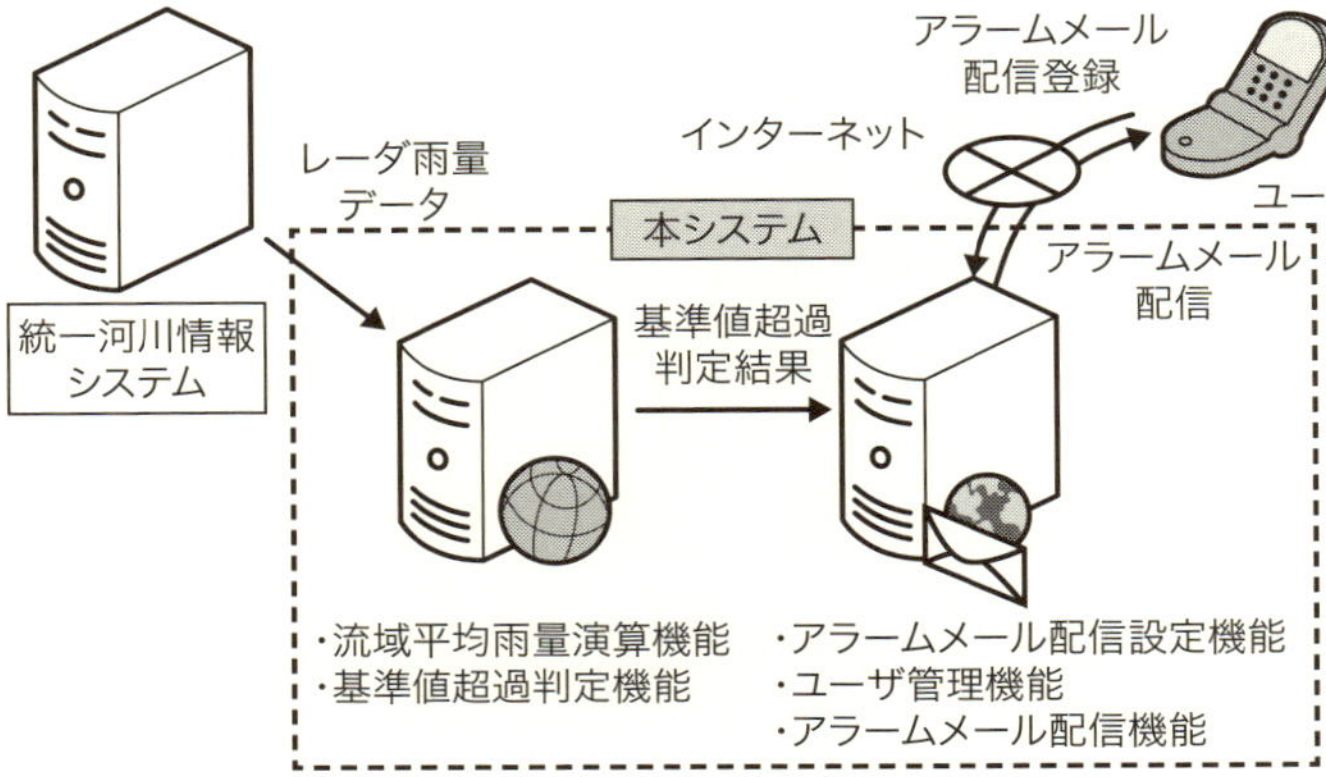

図3.3　レーダ雨量計情報によるアラームメール配信システム

２０１１年9月の台風15号来襲時には、宮古市田老町の神田川田老児童館地点など多くの地点でアラームメールが発信された。

神田川田老児童館地点（集水面積24・7平方キロメートル、洪水到達時間１０１分）については、9月21日17時30分に基準値の60％と設定した注意値（洪水到達時間１１０分で降雨強度毎時14ミリメートル）を超え、23時には同じく80％と設定した警戒値である毎時18ミリメートルを超過して、それぞれアラームメールが配信された。

２０１１年11月2日に洪水痕跡調査と聞き取り調査を行った。洪水痕跡調査では高水敷の上の草本類の倒伏やゴミの付着が見られ、地元の方への聞き取り調査によると河道の7割近く（図3・6と図3・7で点線で示す）まで水位が上がったとのことであった。

田老児童館地点には水位計が設置されていないが、水位計データと比較できる名取川水系増田川の上増田地点で雨量と水位とを対照させると、洪水到達時間内の平均降雨強度と水位（流量）とがよく対応して推移している。

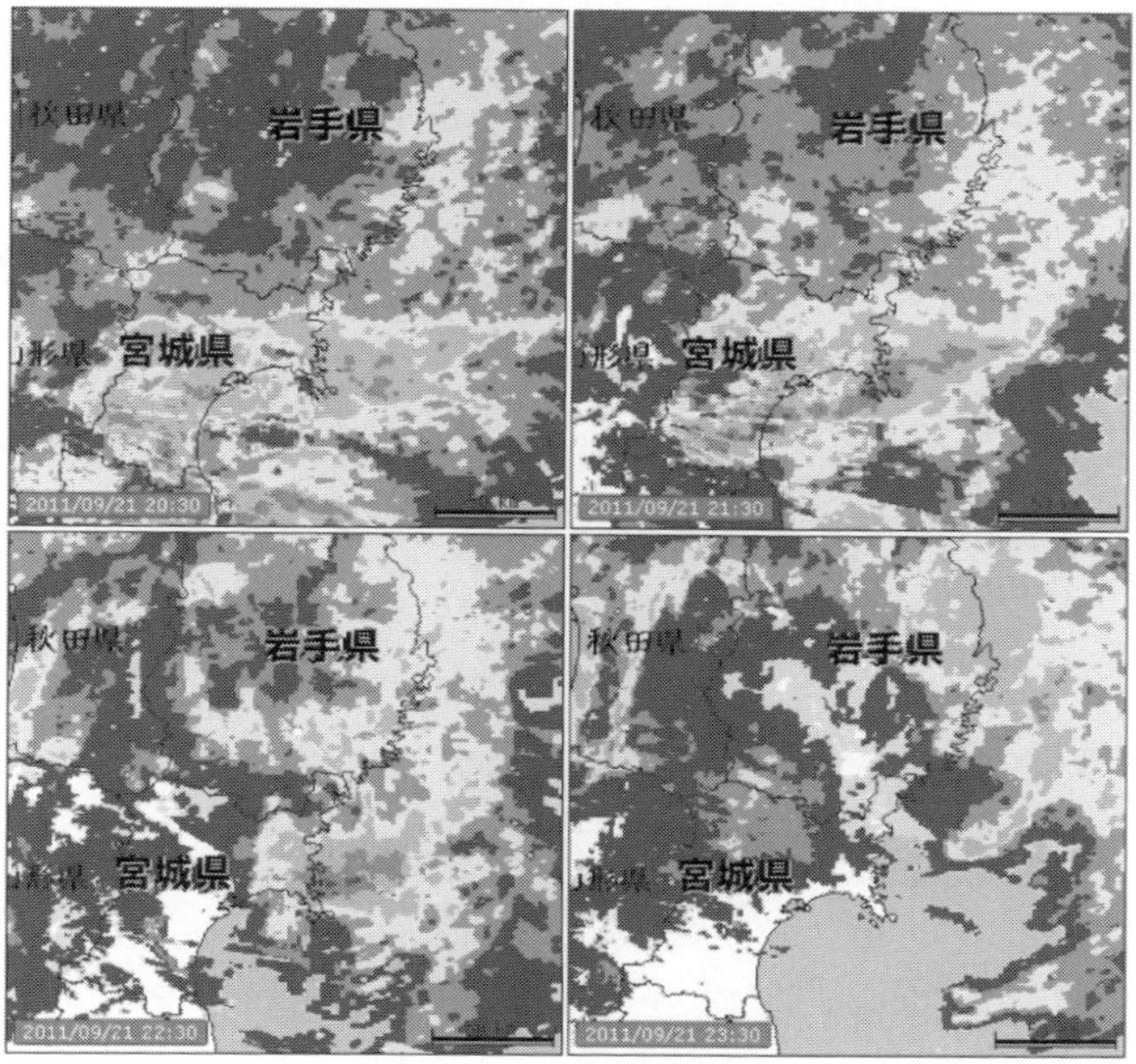

図3.4　2011年台風15号による9月21日夜の降雨状況

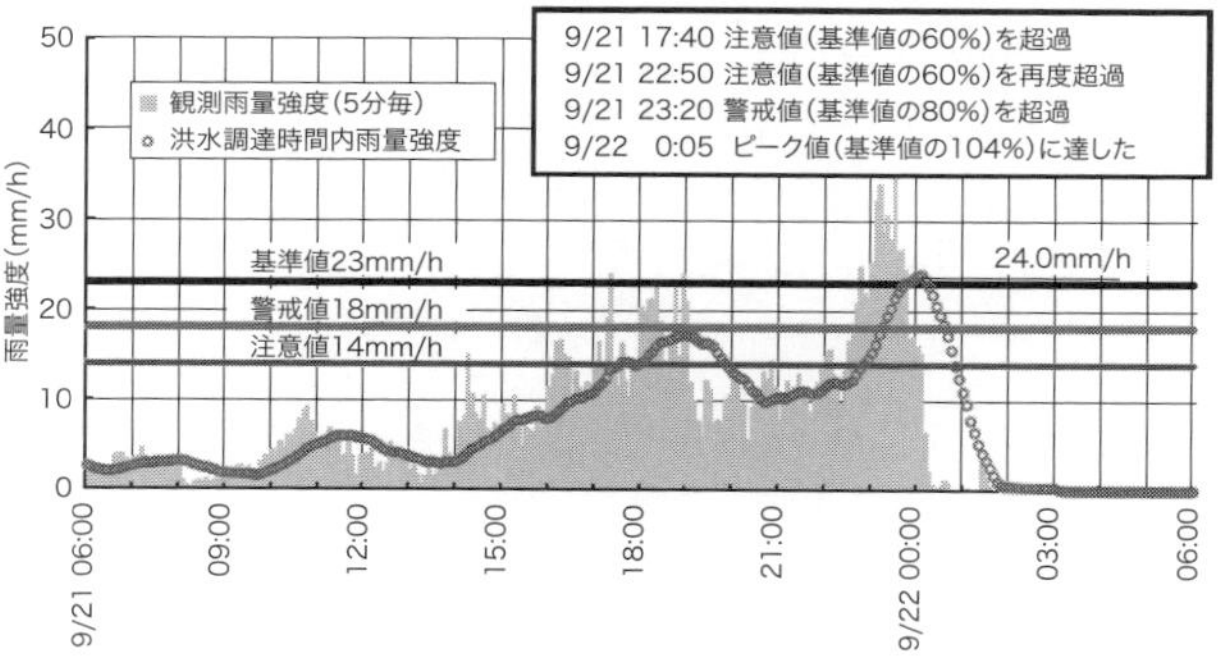

図3.5　神田川田老児童館地点に対するアラームメール発信状況

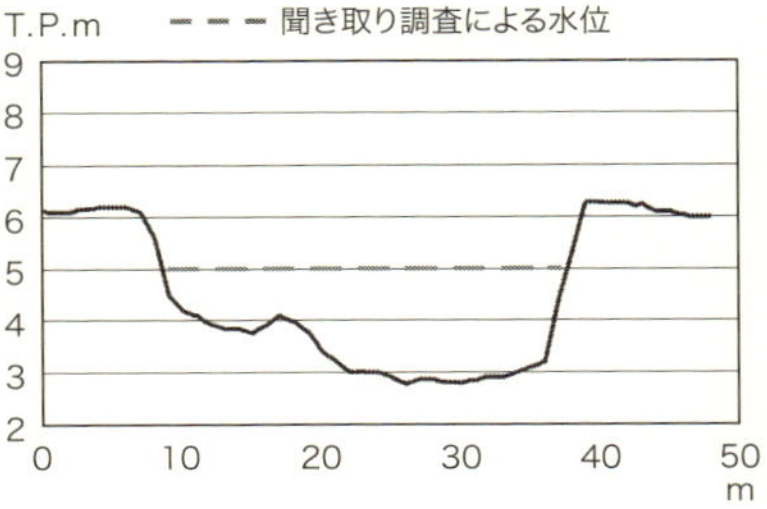

図3.7　田老児童館地点の河道横断図と推定最高水位

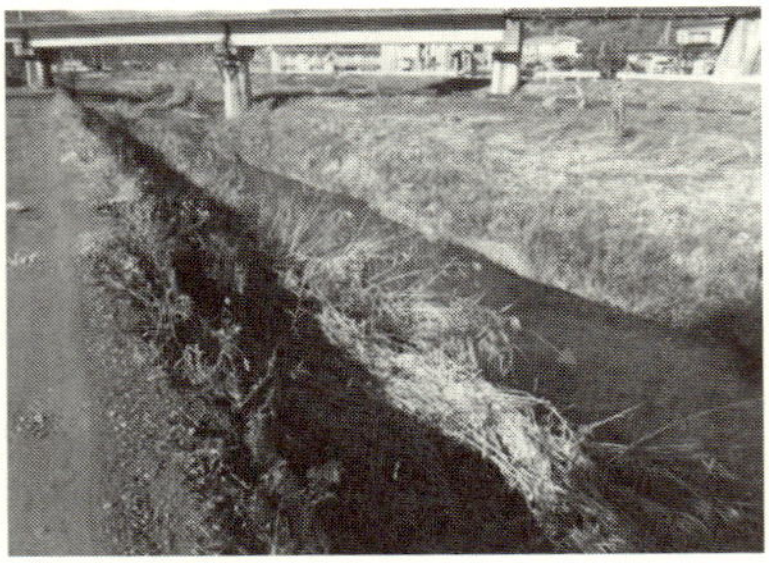

図3.6　神田川田老児童館付近の出水後

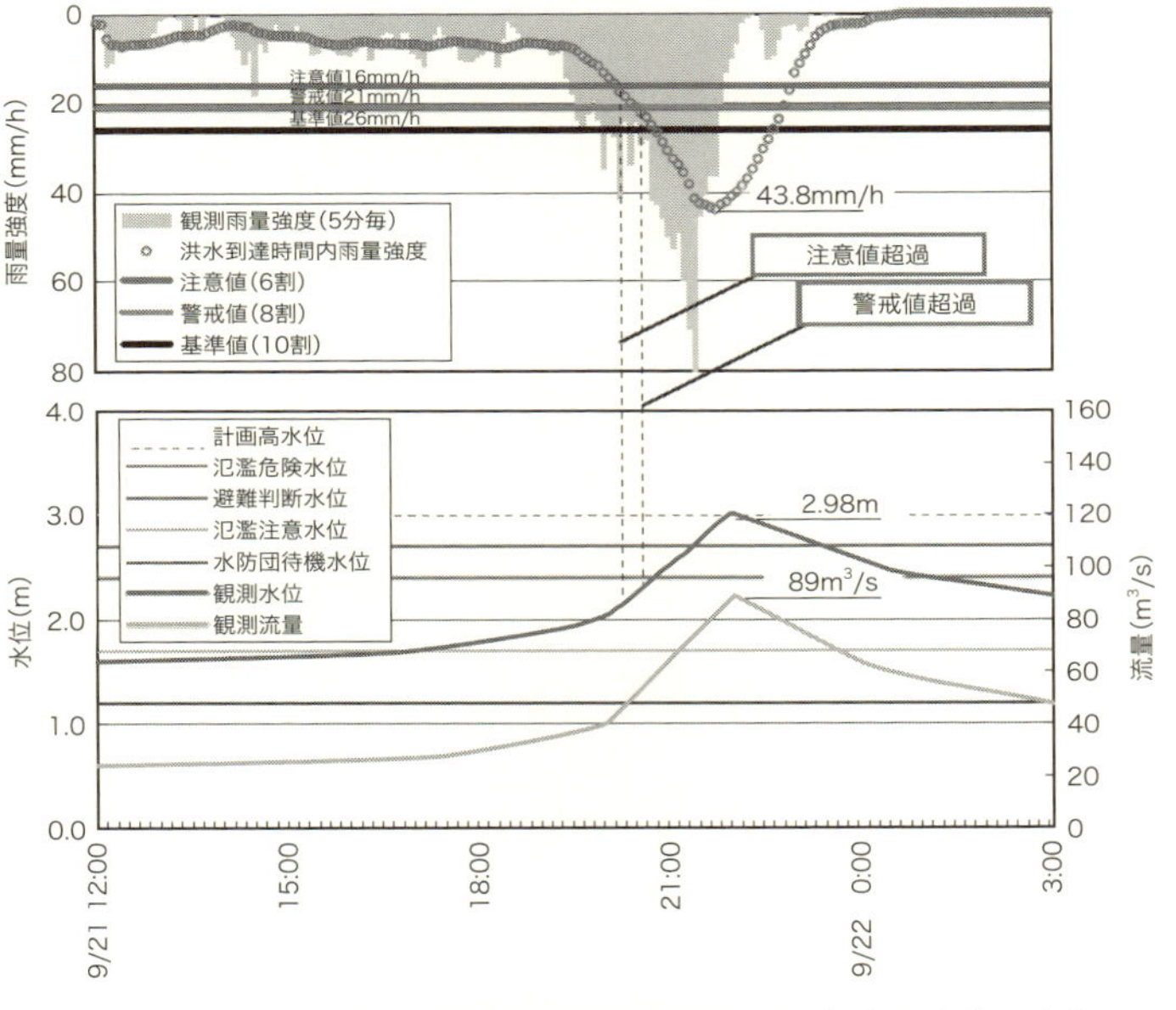

図3.8　増田川上増田地点における洪水到達時間内降雨強度と水位・流量との対応状況

以上のように、このシステムでは降りはじめの雨が土中水分の回復に使われてしまって流出に寄与しない初期損失雨量の存在を考慮していないため、水位が低い段階でアラームメールを発信してしまう事例も見られた。また、流下能力の算定にレーザープロファイラー（ＬＰ）データを用いているが、ＬＰデータでは水面下の地形を計測できないために、とりわけ河口近くでいつも水面が存在するところでは断面積の算定に誤差を生じたと考えられるところがあったと報告されている。

現地測量を実施するなど精度を向上させる余地があるとしても、この方法は既存の資料を用い、既存の情報システムからデータを取得して多数の地点をまとめて処理できるなど、簡便にシステムを構築できる。ラショナル式という簡便な方法で、しかも現地調査を小限にとどめてシステムを構築し、妥当な結果が得られた。基礎データはメッシュの土地利用と地形図データなど、すでに公開されているデータであり、レーダ雨量計もすでに全国を覆っている。試行した河川に類似する河川は全国に多数存在すると考えられるが、ただちに応用できる方法である。なお、このシステムは神奈川県内での試行も報告されている。

このように簡便なシステムであるから、個人でも応用できると考えられる。流域面積や河道の延長や勾配、流域の土地利用をカシミール３DやGoogleEarthのようなソフトから求めてラショナル式に入力して基準雨量を決めておけば、レーダ雨量計画像を目視しておおよその平均雨量強度を求めて比較することができる。

集水域が小さい河川地点では雨が降り始める前から予測しなければならず、降雨予測が必要になる。その場合もとりあえず2時間程度の予測値が得られれば避難のためのリードタイムも取ることができると期待される。

（2）淡水河（たんすいが）の洪水予報システム

淡水河は台湾の北端に位置し、流域面積2，216平方キロメートル、幹川の流路延長158・7キロメートルの水系である。大漢渓、新店渓および基隆河の3大支川が台北市域で合流して台湾海峡に注いでいる。流域は急峻な山地部から急に低平な盆地につながり、盆地の下流に狭窄部がある。狭窄部によって洪水時に堰上げが生じて、1963年のグロリア台風による洪水では台北市を含めて約21，000ヘクタールの地域を冠水させ大きな被害を与えた。図3・9に流域の構成とグロリア台風による累加降雨量を示す。

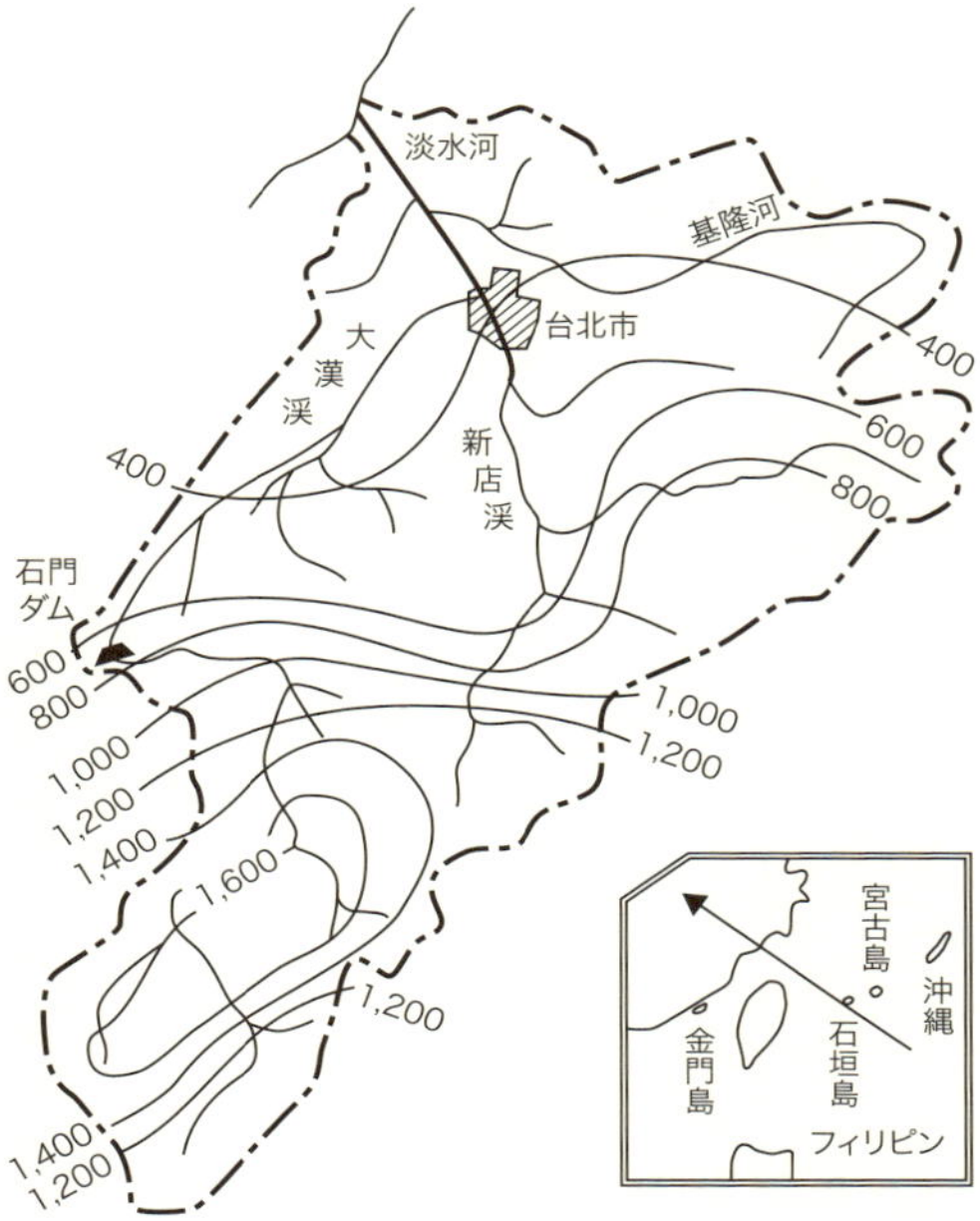

図3.9　1963年グロリア台風による淡水河流域の降雨状況（単位mm）

洪水予測の目標は台北市と対岸の三重市とを結ぶ台北橋の水位を予測し、浸水予想区域を示して浸水に備えてもらうことであった。水位流量資料の有無、ダムの有無、洪水予報のための基準地点、計算の精度、計算に要する時間などを総合的に判断して、流域のモデルを図３・10のように、かなり単純なものとした。図で、三角が流出量の計算を行うプロセスで、木村の貯留関数法を用いた。四角は河道あるいは河道から溢れた水が獅子頭の狭窄部で堰上げられて停滞する湛水池での洪水の伝播を計算するプロセスで、河道の計算はダムからの放

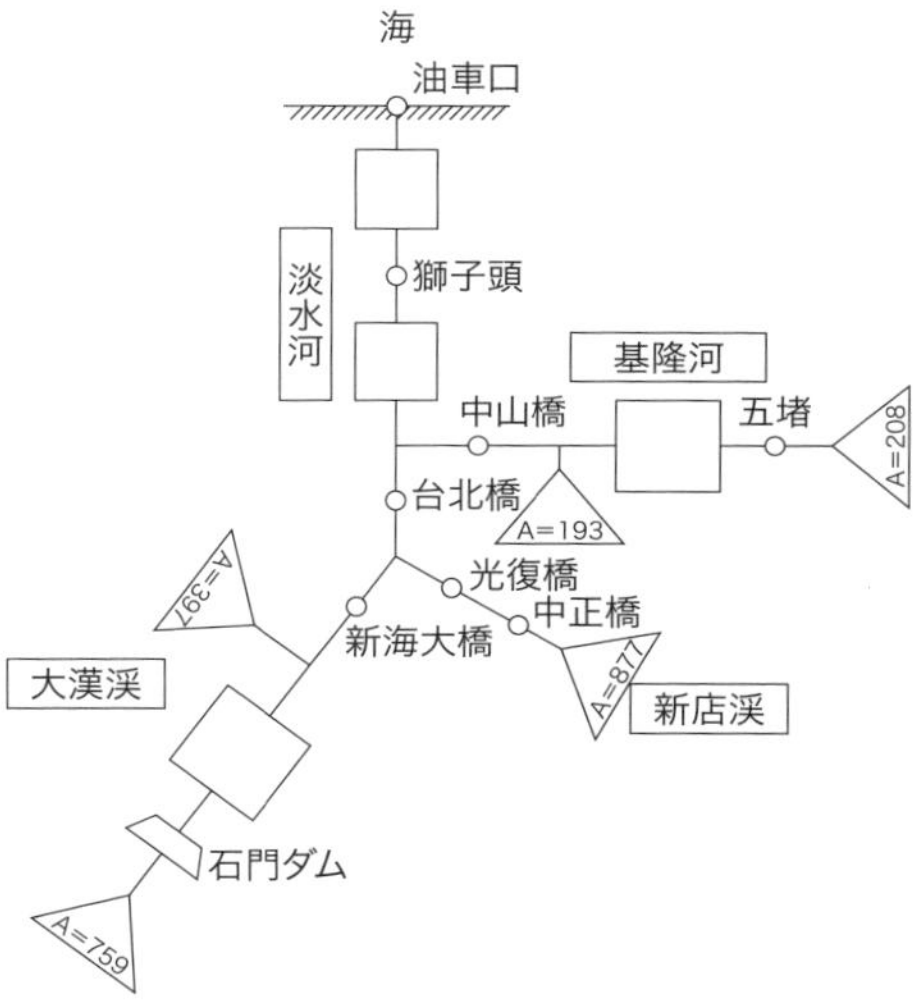

図3.10　淡水河洪水予測システムのモデル

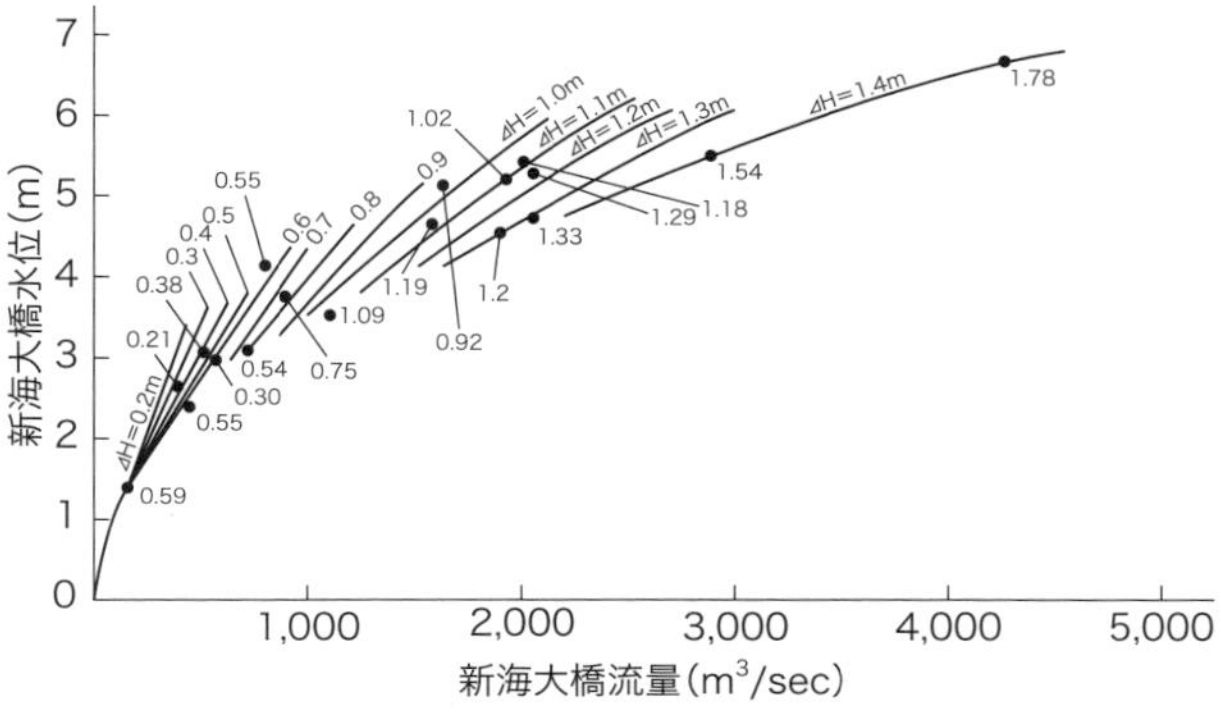

図3.11　台北橋水位をパラメータとした大漢渓新海大橋の水位流量曲線図

流量、あるいは上流からの流出が1単位あったときに、河道の下流端ではどのように変形してつたわるかという単位図法によった。また狭窄部上流の湛水位は河口潮位を始点として不等流計算を図式解法で行った結果と湛水池に流入するボリュームとを比較して求めている。大漢渓新海大橋と基隆河の中山橋では台北橋の水位の背水を受けて水位流量曲線が変化するので図３・11のように複数の曲線を描いて台北橋の水位をパラメータとして流量から水位を求めている。

獅子頭の狭窄部で堰上げられた水が水平に湛水すると仮定した場合の浸水区域に、河岸を越えて住宅地・耕地に流入する越水現象で浸水する区域を加えて浸水区域を予測したところ、１９６９年の台風で良好な結果が得られた[*08]。

流域のモデル化を集水域からの流出のサブシステムと河道の流下をあらわすサブシステムに分け、流出計算を貯留関数法で行い、河道流下も河道の貯留関数法で計算する方式は現在でも多くの河川で使われているものである。

このシステムは１９７１年に行われた1箇月の現地調査とその後1年間の検討を経て構築されたもので、計算機と人力のハイブリッド方式である。計算機といっても２０１７年の現在から見るとプログラム機能付きの電卓よりも低い計算能力のハードウェアで、貯留関数法のアルゴリズムを押し込むのに苦労するほどのものであった。現時点ではノートブック型のパソコンの上で、流出計算に集中型を採用する場合には集水域平均雨量をレーダ雨量計から求めて入力すること、あるいは分布型モデルで構成する

＊08　西原巧編「洪水予報」全日本建設技術協会、１９７６年

ことも可能である。河道部分もたとえば河道の貯留関数を用いたり、あるいは星畑の方法などによる不定流計算法を用いて構成することもできると考えられる。一方で淡水河のシステムは人力も組み合わせたハイブリッドなシステムであるだけに、計算プロセスを直感的に「見る」ことができるという長所がある。

(3) レーダ雨量計データを用いた分布型洪水予測システム

深見親雄らは河川情報センターにおいて、国土交通省が管理している河川についてレーダ雨量計データを用いた分布型洪水予測システムを開発し、2001年に発表している。以下では利根川水系渡良瀬川の足利地点（集水面積692平方キロメートル）を対象にシステムを構築した深見らの報告から概要を紹介する。

分布型流出モデルは、集水域をメッシュ単位に細分し、メッシュごとに地盤や降雨の浸透特性などの水文要因を個別的にとらえる流出解析手法であり、以下のような特徴がある。

①多様な洪水規模・波形に対して、単一のパラメータセットを用いるので洪水予測の精度が安定する。

②集水域をたとえば1キロメートルのメッシュ単位に分割し、個別の斜面・渓流からの流出を足し合わせて全体の流出を計算するので、計算の過程ではメッシュごとの流出が求められている。これから任意の場所の流量を求めることができる。

③地形や土地利用など客観的に表現できる特性からモデルを表現する諸定数をメッシュごとに求め

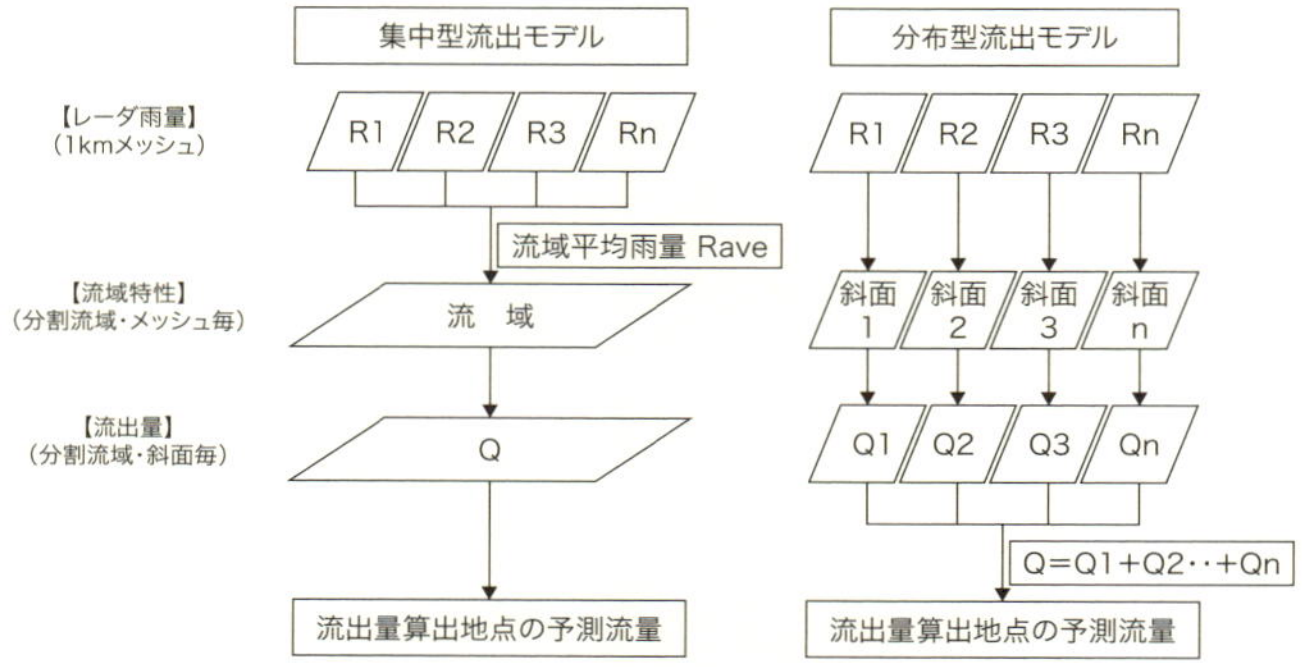

図3.12　集中型モデルと分布型モデルの比較

ることができる。地形・土地利用などはすでにメッシュ単位で調査され公開されているのを利用すれば一応のモデルができる。ただし、実際にシステムを精度高く構築するには現地踏査を行い、計算結果に応じて現地踏査結果を参照しながらパラメータの調整を行うこととなる。

④高水から低水まで適用可能である。河川情報センターのモデルは分布型流出モデルの中でも物理モデルに分類されるもので、降雨が地表面から、土壌層から、あるいは基盤層を経由して、流出するプロセスをそのまま追っており、貯留関数法による場合に必要となる初期損失や基底流出の分離などの操作が含まれていない。これによって、低水から高水まで連続的に計算することが理論的には可能となる。そのためには年間を通してシステムを稼働させておくが、洪水が起きそうになってから起動するよりも操作ミスは少ないと期待される。ただし、完全に低水から高水まで連続して精度の良い結果を得るには洪水・渇水イベントを経てモデルの微調整を十分行う必要があろう。

分布型流出モデルはレーダ雨量計と組み合わせることによって

いっそうその特徴を発揮する。レーダ雨量計が開発されたことと、計算能力の増大によって分布型流出モデルが実用的になったといえる。

分布型流出モデルの特長は以下のようにまとめられる。

①面的な降雨分布を流出に反映することが可能である。どうしても数が限られる地上雨量計では面的な降雨分布を正しく捉えることが難しいが、分布型流出モデルはレーダ雨量計による高分解能の降雨情報をそのまま活用することができる。

②雨域の広がり、移動による影響を流出に反映することが可能なため、洪水予測に適する。これは上の①の結果の一つでもあるが、集水域の中を雨域が上流から下流に移動するときに流出のハイドログラフが増水期に急激に増水し、かつピーク流量が大きくなるという現象があるのを表現することができる。

深見らが開発した分布型流出モデルは以下の4つの現象を扱うサブモデルから構成されている。

①表層モデル：地表面での貯留、地表からの流出、早い中間流出、地表から地下への浸透の現象を表現するもので、地表と高透水性地表、土壌層における雨水貯留、流下をモデル化している。表面流はキネマティックウェイブ（kinematic wave）法により計算している。

②中間層モデル：遅い中間流出、地下水補給、不飽和帯の貯留という現象を表現するもので、不飽和帯での浸透水貯留・流下をモデル化している。

③地下水モデル：地下水からの流出現象を表現するため、中間層より深いところでの浸透水貯留・流下をモデル化している。

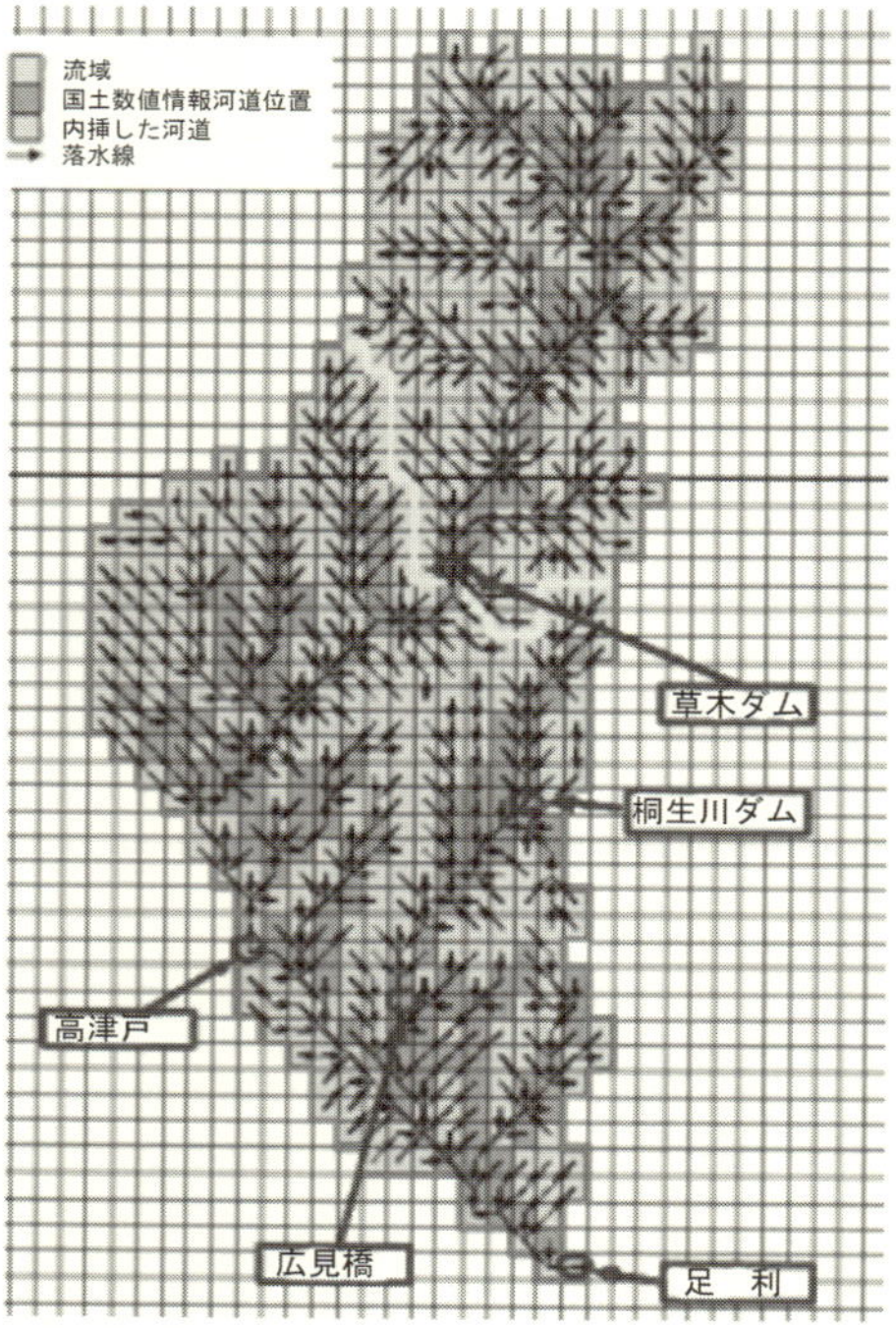

図3.13　渡良瀬川高津戸流域モデル図

④河道モデル：河道を流下する現象を表現するため、地表と地層から河道へ流出した雨水の河道流下をキネマティックウェイブ法を用いてモデル化している。

この方法を渡良瀬川流域に適用した手順は以下のとおりである。

足利地点の集水域を国土地理情報の３次地域区画（約１キロメートルのメッシュ）に分割し、現地踏査も含めて収集した諸情報に基づいて、各メッシュに雨水が流下する落水方向、斜面の等価粗度係数、浸透能、透水係数、河道の粗度係数などのパラメータを設定する。また上流の草木ダム（集水域面積２５４平方キロメートル）については、操作規則に基づいた放流量の予測モデルを組み込んでいる。数値地図情報の標高、流域界位置、流路位置情報、土地利用区分、土壌分類、表層地質情報を基礎情報として用いている。また、等価粗度係数、側方浸透係数、浸透能、層厚、最小水分量、飽和水分量などのモデルパラメータは文献による経験値などによって設定し、流出計算結果と実測値との比較により最終的に決めている。

確定したパラメータで流出計算した結果を山地から平地に出る基準点高津戸地点について実績と比較

し、評価したところ、多様な降雨規模、波形の洪水に対して高い精度で安定した結果が得られている。

このようにしてシステムの基本が構築されるが、実際に発生する洪水をリアルタイムに予測するときには、計算結果と実績観測値との相違が生じてくるものであり、何らかの方法で実績に合うようにパラメータを変更するフィードバックの手続きが必要になるものである。フィードバックには計算結果に補正係数をかけるだけで合わせる方法もあり得るが、観測値にも不確定性が含まれていることを考えると、観測値を直接に反映させる方法はモデルの物理的な基礎を損なう可能性もある。モデルの骨格を変えずにフィードバックする方法としては、初期の土壌水分量で調整する方法などが考えられる。

洪水を経験するごとに観測値の妥当性についても検討した上で、モデルのパラメータの調整を行うという手順が必要である*09。

当初長良川流域で開発が始められたこのシステ

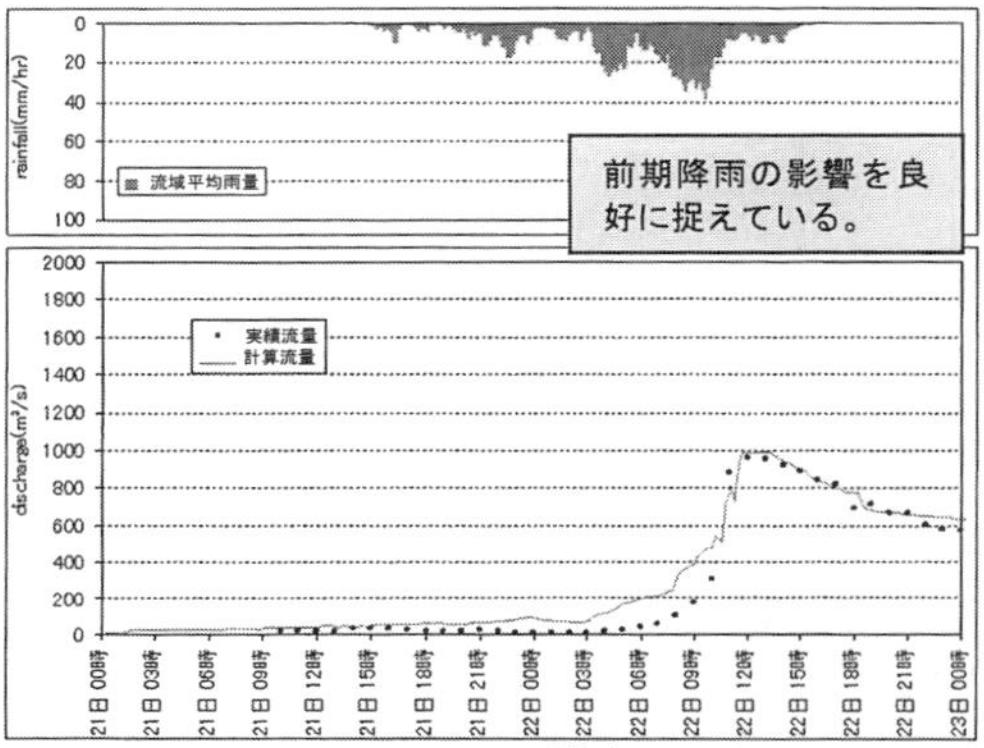

H13. 8. 22 洪水

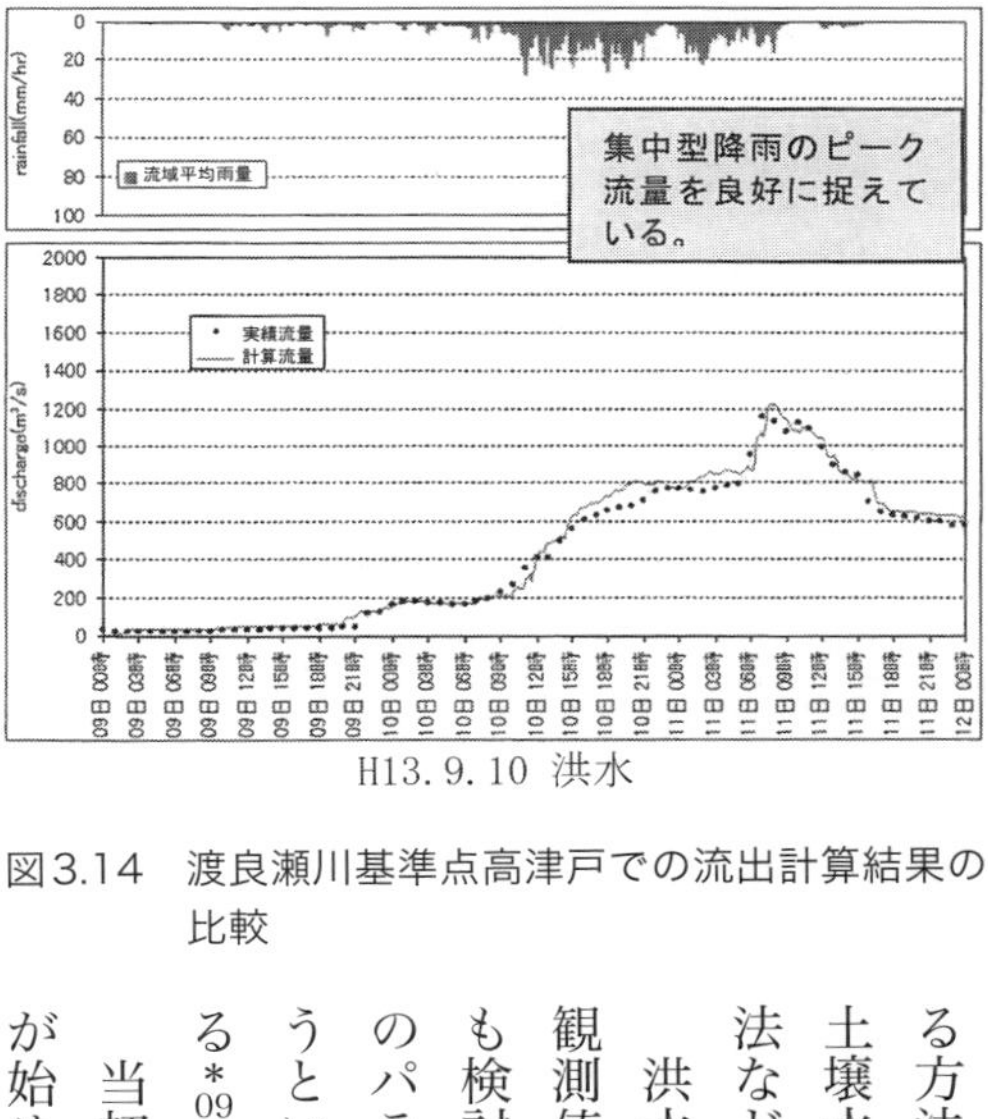

H13. 9. 10 洪水

図3.14 渡良瀬川基準点高津戸での流出計算結果の比較

ムはその後も改良を加えられ、日本全国の多数の河川流域について構築され、運用されている。このシステムでは、土壌水分量が調整要素になっていて、降雨が無いときの水位からフィードバックして土壌水分量を求めるためにサーバーシステムは年間を通して稼働させることとなる。その計算結果はウェッブ画面として関係者が随時チェックできる。このため洪水になりそうな忙しい時にシステムを立ち上げる手順が不要である。また、小さい降雨のときも計算結果を参照することによって河川の特性を理解するのに好適なツールであると考えられる。

（4）チャオプラヤ川の緊急洪水予測システム

タイのチャオプラヤ川流域では２０１１年に大規模な洪水が発生し、広い範囲で長期間にわたる洪水被害を受けた。包括的な洪水対策プロジェクトの一環として河川情報センターは２０１２年の洪水期に備えた洪水予測システムを構築した。金澤裕勝らの報告をもとにその概要を紹介する*10*11。

チャオプラヤ川は流域面積15万9千平方キロメートルと利根川の10倍ほどもあるが、上流の四大支川が合流するナコンサワンから下流は河床勾配が5万分の1と、ミシシッピ川下流よりも小さいくらいに

＊09　深見親雄・図師義幸・田渕政一・久保山浩喜「レーダ雨量を用いた分布型流出モデルによる洪水予測情報の提供に向けて」平成13年度河川情報シンポジウム講演集、２０１１年

＊10　金澤裕勝・井上康・藤本幸司・栗城稔・布村明彦「２００1年チャオプラヤ川大洪水と新たな洪水予測システムの開発」平成24年度河川情報シンポジウム講演集、２０１２年

＊11　布村明彦・栗城稔・金澤裕勝・藤本幸司・井上康・古賀清隆「チャオプラヤ川流域洪水予測システムの運用開始」平成25年度河川情報シンポジウム講演集、２０１３年

緩やかになっている。河道と氾濫原の区別がつかない流れとなっており、集水域と氾濫区域という要素には分割できない。全体として2〜3箇月の長期間にわたって、いわば季節変動のように水位が上昇・下降するが、その上に数日の間に上昇・下降する変動が重なる。単純に一つの波形で上流から下流に流れるのではなく、すでに河川水位が高くなっているときに強い雨が降ると急激に水位が上昇して大きく氾濫し大きな被害をもたらす。

このような流域では土木研究所で佐山敬洋が開発した、降雨から流出と氾濫までを一体として取り扱う、RRI（Rainfall-Runoff-Inundation）モデルが適していると判断され、RRIモデルを予測の中心としてシステムを構築した。

RRIモデルは、流域を任意の大きさのメッシュに分割し、降雨を入力として河川流出から洪水氾濫までを一体として解析する。サブモデルとして、流出と氾濫を同時に解析する2次元流出解析モデルと、1次元河道モデルからなっており、いずれも拡散波近似した運動量方程式を基礎式としている。また、降雨流出過程をより適切に表現するため、鉛直浸透流および側方地中流を考慮し、流出解析部と河道部との水のやりとりは越流公式で計算している。

計算条件は以下のようである。

①予測は1日1回とし、7日先まで予測する。チャオプラヤ川下流平原を対象とすると、水位変動が緩慢なので1日単位でよい。

②降雨の観測値は王立灌漑局と気象局の観測所のデータをティーセン法で分担範囲を決め、9キロ

メートルメッシュのデータに変換して与える。流域を観測するレーダもあるが、雨量に変換・キャリブレーションされていない。

③雨の予測値を日本の気象庁がＷＭＯの枠組みにより全球数値予報モデルで計算し、提供しているものを用いる。おおむね50キロメートルピッチの値である。異なるメッシュサイズのデータも基本となるメッシュサイズに変換して用いることになる。

④ダム放流量を電力公社・王立灌漑局から、派川への分派量を王立灌漑局からそれぞれ入手し、最近の値が予測期間の間継続するものとする。チャオプラヤ川の上流には王と王妃の名を冠するブミポンダム、シリキットダムという巨大ダムがあって集水域のかなりの部分を占めている。また四大支川が合流するナコンサワンの下流チャイナート地点にチャオプラヤダムという堰があって下流の制御が行われている。これらは構造物によって確実な流量が把握できるので予測結果の精度を上げるためにこれらを用いる。

⑤氾濫域の実況値を、衛星情報を扱っているＧＩＳＴＤＡ（Geo-Information and Space Technology Development Agency）から受ける衛星情報から求めて予測の初期条件とする。

⑥単一の降雨予測値でなく、最大予測雨量と最小予測雨量に対応する各地点の予測流量、水位、浸水深の分布を6時間ごとの値として出力する。幅を持たせた予測によって、予測の信頼度がある程度示され、ユーザーがそれぞれの条件に即して対応することができると期待される。季節現象にともなって生じる大きな長周期の変動に、日単位の変動が重なっているので、７日先までの予測となると降雨予測の精度が大きく結果に影響し、ひいては情報を受け取り、活用するユーザー

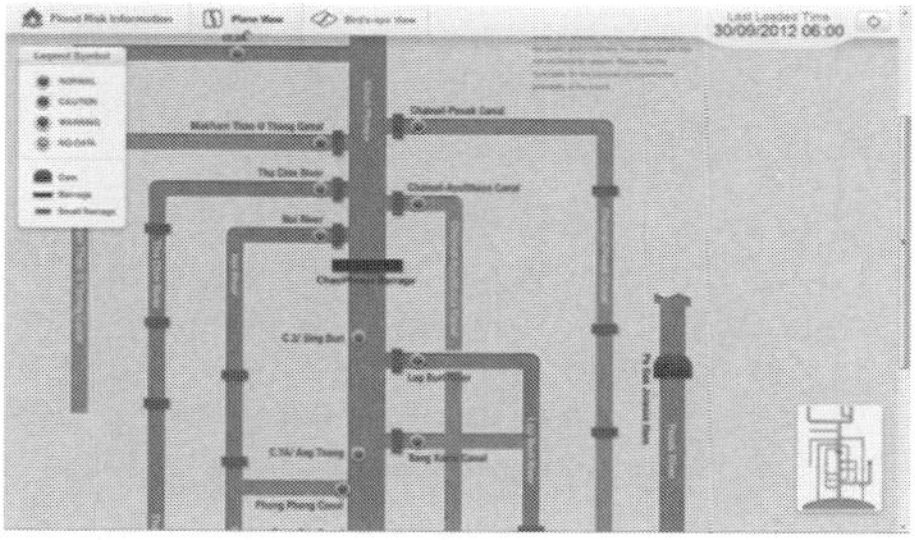

図3.15 a　通常の流域模式図

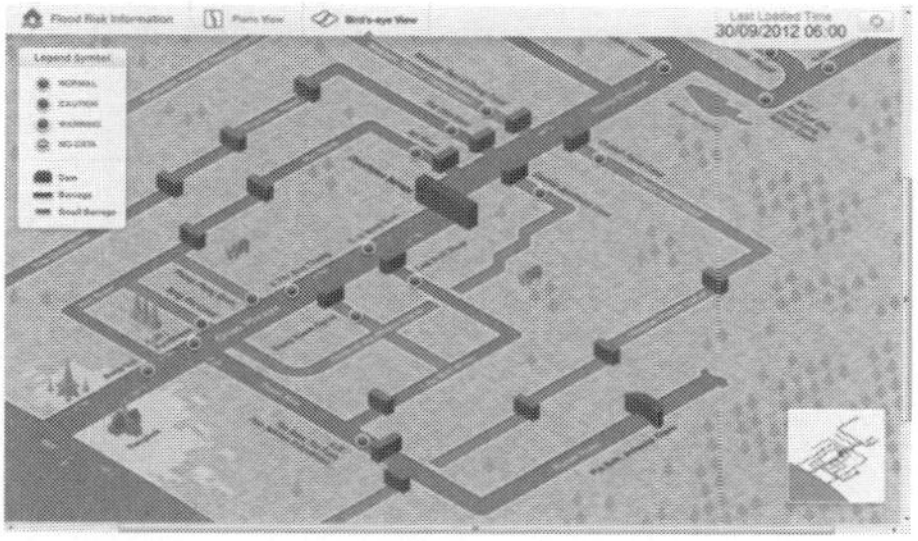

図3.15 b　鳥瞰図形式の流域模式図

の意思決定を左右するので、単一の「最もありそうな」予測だけを求めて示すわけにはゆかないからである。現実に生じる予測値からの振れが存在するのは、単に降雨予測の振れだけでなく、モデルが流域の構造を正しく反映しているかということも含まれていると考えられる。

(5) 画面の設計

このシステムでは、情報の伝達のあり方についても深く検討され、情報画面の設計に生かされた。タイでも多くの人がスマートフォンを情報端末として使っているので、スマートフォンやタブレットで表示することを前提に画面が構成された。従来作成されていた図３・15ａのような流量予測の総括画面は日常業務としてデータに接している職員にとっては抵抗がないものであるが、多くの市民にとっては意味がわかりにくいものである。そこで図３・15ｂのように鳥瞰図の形式にして地上のランドマークなども記載するとわかりやすくなる。

２０１１年の洪水についてモデルの挙動をシミュレーションしたところ、地点の流量変化がおおむね一致し、浸水域の広がりの時間変化や最大浸水深も一致することから、システムの有効性が示された。

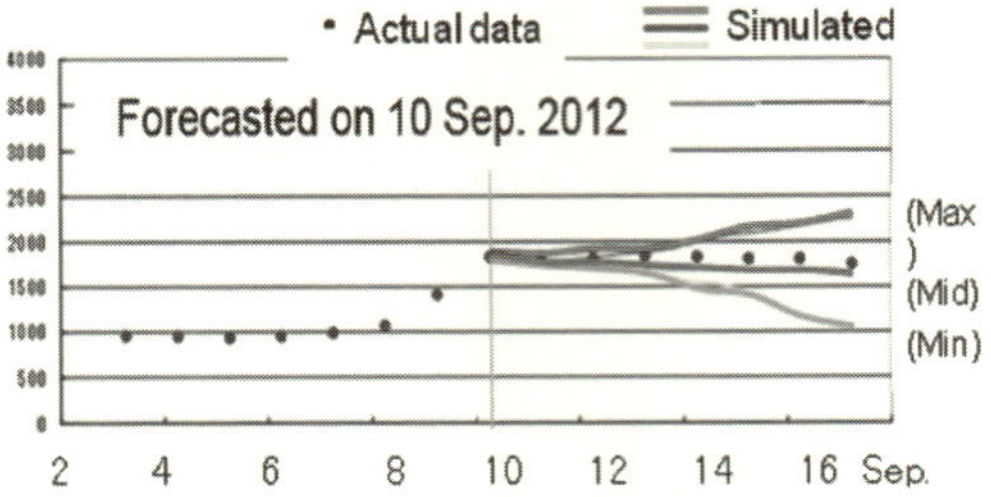

図3.16　2012年洪水時の流量予測例

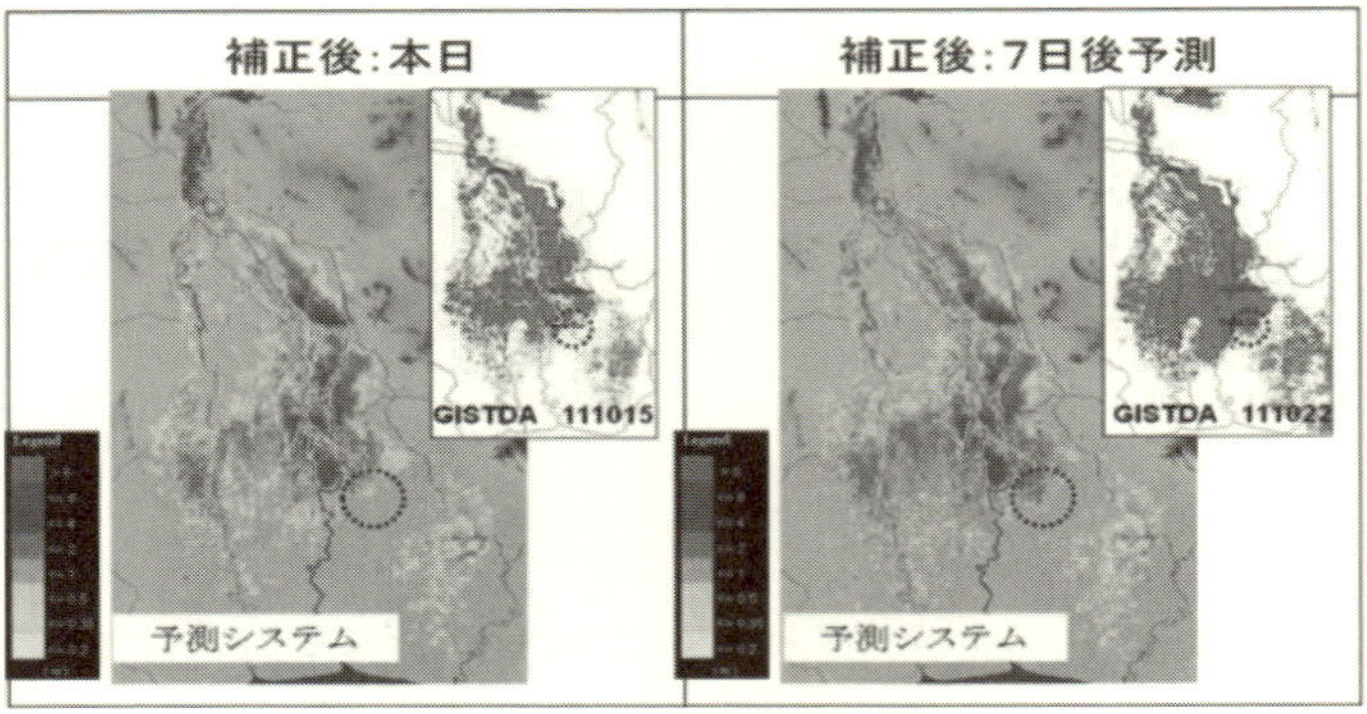

図3.17　氾濫区域の予測結果　それぞれ右上の図は衛星による実測データ

２０１２年の洪水期は、暫定的にサーバーを日本国内に設置して運用された。インターネット回線の普及によって可能になったことである。

２０１２年の洪水での流量予測結果の例を図３・16に示す。９月10日に予測した結果では、中間予測の結果が実績とよく合っている。予測の幅が示されているが、ユーザーも実績との比較を通して予測の精度を認識したものと思われる。

衛星情報で補正した結果を出発点として氾濫区域の予測を行ったことも有効であったと考えられるが、７日後の氾濫区域の予測も図３・17のように極めて良好であった。図３・17の左は右上枠内の衛星情報を用いて補正した氾濫予測の初期値で、右は7日後を予測した結果である。衛星情報は水面と認識したところを着色して示しているだけであるが、予測システムでは浸水深が示されている。丸く点線で囲んだ部分に着目すると7日後を予測した結果がよく衛星情報と合致していることがわかる。

この程度に合うと、人によっては自分の家や管理する施設がどのランクの浸水域に入るか、画像を拡大コピーして調べることがありはしないかと懸念される。そういう情報に対する要望があることは事実としても、入力データの精度、モデルの精度から計算結果にそこまでの精度は望めないので、何らかユーザーに理解を深めてもらう必要がある。あまりに大きく拡大した図面を提供しないということも考えられる。これはＸＲＡＩＮも同じで、地図上に２５０メートル角のタイルが並ぶように見えて、そこまでの精度があるものと誤解されてはまずい。

⑹　他の地方への展開

日本の洪水予測は国が管理している河川とそれに準じて県が管理している河川について長らく行われてきた。その多くは堤防があり、土のう積みなど水防作業を行うための指針という目的が大きかった。堤防が決壊してからの氾濫予報は２００５年の水防法改正で行われることになったが、その実施例は２０１５年の鬼怒川決壊による氾濫のほか多くない。

しかし、チャオプラヤ川に限らず、日本以外の国では堤防が存在するのがむしろ例外である。堤防の無い河川では流出と氾濫を一体として扱う土木研究所ＲＲＩモデルのようなシステムの方が適している。また、日本国内においても、堤防が存在しない河川、築堤が望ましくない河川が少なからずあり、

ＲＲＩモデル、ひいてはチャオプラヤ川で構築されたようなシステムを必要とするところは多いものと思われる。チャオプラヤ川流域では多数の関係機関から日単位とはいえリアルタイムでデータを収集しなければならないが、逆にそれだけのデータがどこかの組織には存在するということでもある。日本国内ではもちろん日単位では足りないが、データはタイ以上に整備されており、さらにレーザープロファイラーデータも整備されてきている。このシステムを全国に広げることも十分考えられることである。ただし、大流域であれば大流域なりの精度が望まれ、小さい流域では住民の目で合った、合わなかったという評価も出てくる。発表する予報・警報の中にどの程度の精度表現を盛り込むか、そしてそれをどのように活用してもらうか、情報の受け手側にたった情報提供を進めるためにもチャオプラヤ川システムで行われた検討は貴重なものである。

（７）ＩＦＡＳによるインダス川本川上流域の洪水予報

国立研究開発法人土木研究所水災害・リスクマネジメント国際センター（ＩＣＨＡＲＭ：International Centre for Water Hazard and Risk Management）は、ＩＦＡＳ（Integrated Flood Analysis System、この命名には筆者も関わった）という、雨量・河川流量などの地上水文情報が十分観測されていない河川においても効率的に洪水の予警報ができるようなシステムを開発し、その改良と機能拡張を継続して行っている。三宅且仁らが、集水域面積が40万平方キロメートルと日本よりも大きいインダス川の上流域を対象にＩＦＡＳを適用した結果を報告しているのをもとに概要を示す*12。

*12　三宅且仁「人工衛星を活用した氾濫水理量推定技術の提案」平成28年度土木研究所講演会講演集、２０１６年

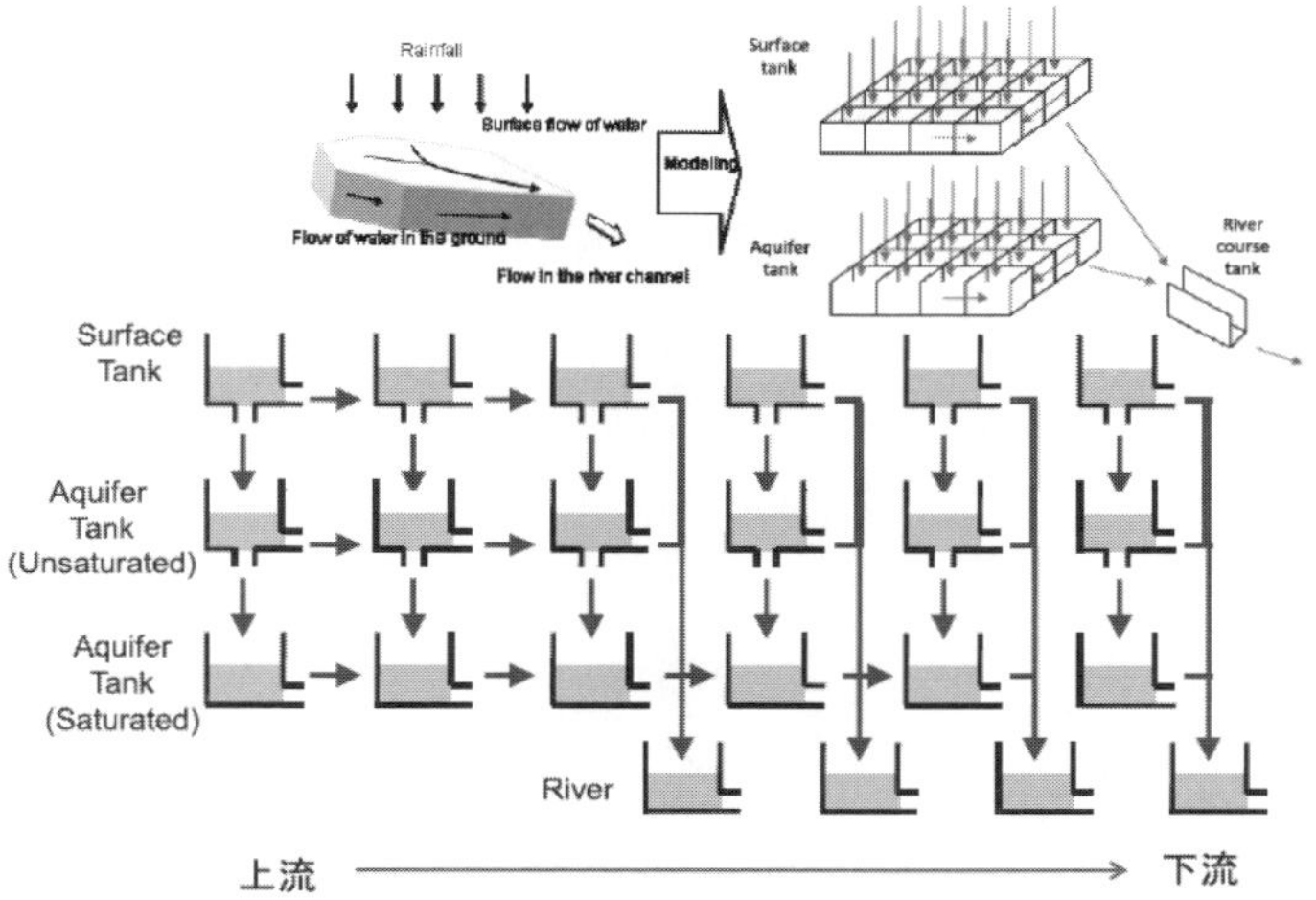

図3.18　土木研究所分布型流出モデルの概念

IFASはGISとグラフィカルユーザーインターフェース機能を備えており、流出モデルの作成、パラメータの設定、降雨の入力、流出計算、結果のグラフィック表示まで一連の作業が実施できる。流出モデルの作成には標高や土地利用などのデータが必要であるが、これらはインターネット上に公開されており、だれでも無償でダウンロードして使用できるようになっている。逆に言えば、これらのデータが利用できることを確かめ、これらのデータを使う前提で開発されたものである。

流出計算の入力として用いる降雨データは、地上観測雨量、レーダ観測雨量のほか、日本の宇宙航空研究開発機構（JAXA）などが開発して公開しているGSMaPなどの人工衛星観測雨量プロダクトを使うこともできる。これにより、海外の発展途上国のように、雨量の地上観測網が不十分な地域などでも人工衛星観測雨量を用いれば洪水予警報が可能になる。人工衛星雨量は上米良の研究にも示されているとおり、

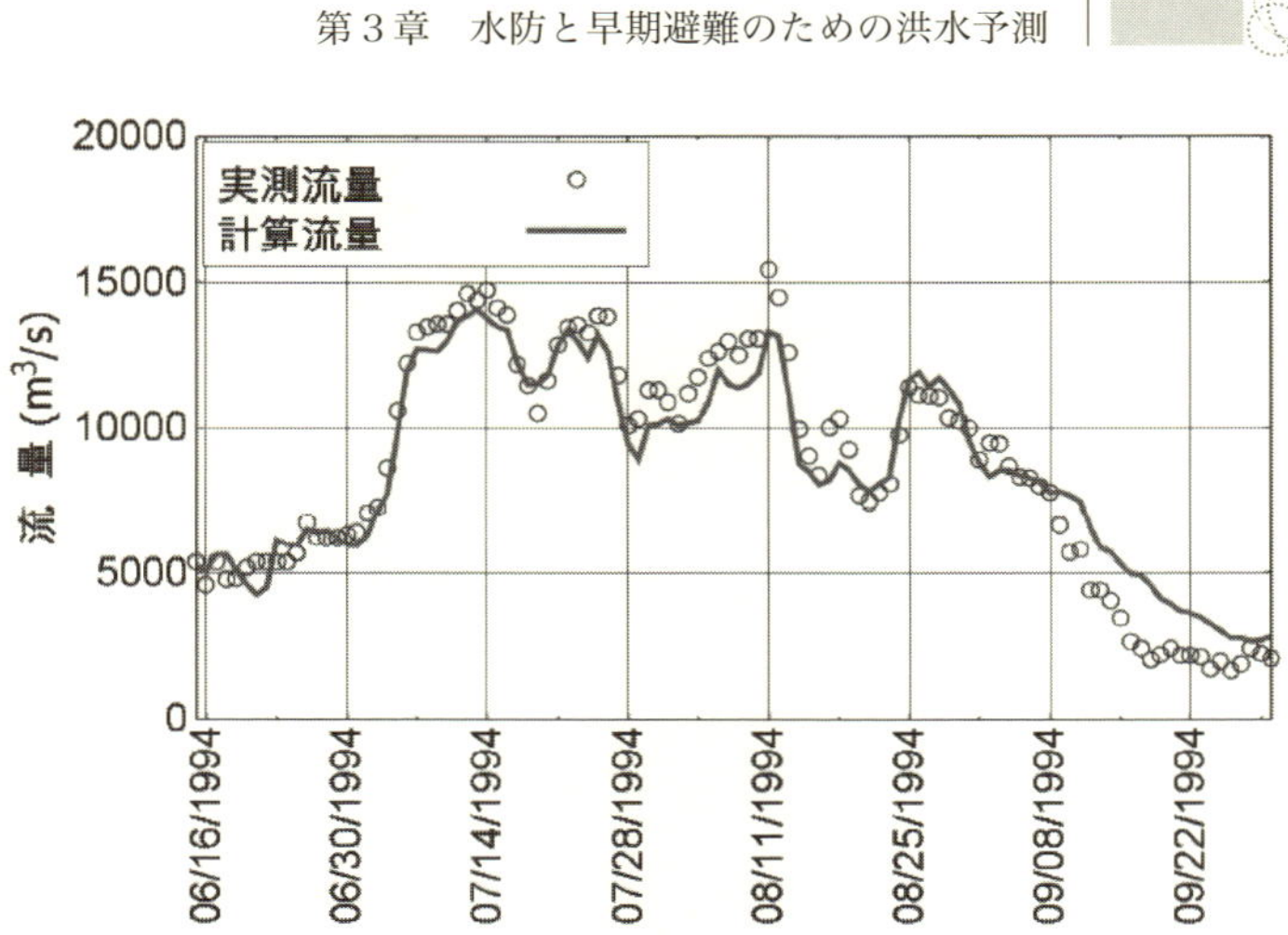

図3.19　インダス川Chashna地点の洪水再現結果

２０１６年段階で精度が十分でないので、ＩＣＨＡＲＭとＪＡＸＡなどが共同して人工衛星観測雨量のリアルタイム補正機能を開発している。

流出モデルとして、土木研究所分布型流出モデルをベースとしている。このモデルは、各メッシュに２段（主として短期の洪水予警報に活用されるもので、表層と不飽和帯水層を表現している）または３段（長期の流量も含めて計算でき、表層、不飽和帯水層、飽和帯水層を表現している）のタンクを配置するものである。図３・18に概念を示す。標準的なパラメータを設定するのに、土地利用や土質と関連づけたことによって、計算処理時間を大幅に圧縮しながら同時に流出過程の物理性を一定程度考慮できるモデルということができよう。

インダス川流域には標高７千メートル級の高山地帯からアラビア海まで、多様な気象・地形の地域が含まれている。ＩＦＡＳは山地から河川に流出するまでを主な解析対象にしており、山地域でのリアルタイム洪水予測に適しているが、低平地での氾濫を計算することはできない。そこで降雨流出と洪水氾濫を一体的に解析することができる（チャオプラヤ川洪水予報で説明した）ＲＲＩモデルを中下流部に連結し、上流の山地域から下流の低平地の氾濫を一体的に解析するモデルを構築している。

インダス川流域では地上雨量計による降雨観測が不十分である。ＩＦＡＳには解析者が直接にダムの放流量を与える機能があるので、観測された河川流量やダム地点の放流量を境界条件として与え、下流側の河川流量を計算する。上流で観測された河川流量を用いてその地点から下流の流出を順次計算することで可能な限り計算精度を向上させる工夫を行っている。

図３・19に１９９４年６月から９月にかけての洪水波形の再現結果を示す。

標高７０００メートル級の水源地帯を有する河川では融雪の影響が無視できない。洪水予測のためのリードタイムを伸ばしたり、ダム地点の流入量の予測精度を向上させてより効率的にダムを運用するために融雪現象を取り込むモデル拡張が行われつつある。なおこのシステムのリアルタイムの運用は２０１６年現在まだ始められていないが、２０１６年には実際のデータ入手などを想定した模擬操作を行っており、良好な結果を得ている。

ＩＦＡＳは、インダス川流域のほか、インドネシアのソロ川流域（流域面積１６，１００平方キロメートル、以下同様）、フィリピンのカガヤン川流域（２７，２８０）、マレーシアのケランタン川流域（１１，９００）、ベトナムのタイビン川流域（２７，２００）と気候と面積の異なる各国の河川流域で適用されている。水文観測データの蓄積が少ない集水域であっても、公開されている地形・地質・土地利用のメッシュデータを用いれば分布型流出モデルが構築できることが示された。しかしながら、モデルを構築しただけでは計算結果が正しいという保証はない。モデル構築後には適切な地点で水位・流量の観測を継続するなどして短期的なフィードバックを行うとともに、モデルのパラメータを調整する（チューニング）のに加えて、モデルの構造も見直し、拡張も図るなどのフォローアップが欠かせないものである。

コラム　避難は明るいうちに

1982年は、7月に死者・行方不明299名という大惨事となった長崎水害の起きた年である。一方、近畿地方でも8月の台風9・10号で、大和川流域などで大きな水害が起きた。筆者は大和川から山一つ越えた淀川の上流部を管理する木津川上流工事事務所に勤務していた。事務所にいると、「名張の市長さんが玄関に見えている」とのこと、直ちに玄関に行くとさっそく「台風が近づいているが、避難勧告を出しましょうか、どうしましょうか」とたずねられた。いったん引き取ってもらってから調査課長などとデータを検討したが、その時深山レーダ雨量計が稼働していたので心強く感じた。その結果、「避難する必要は無いでしょう」ということになった。一夜を事務所で明かしたのだが、水位が計画高水位を超えているのに青くなった。名張市は1959（昭和34）年の伊勢湾台風で市街が濁流に洗われたが、そののち室生ダム、青蓮寺ダムができたこともあって、今回は危うく浸水を免れたのであった。もし、あのとき水位がもう少し高くなって氾濫していたら、今ごろこんな本を書いていることはなかったと思うし、今だに夢に見ることがある。

「地元の人が心配に思っているのだったら、すぐに避難してもらえばよいのだ」と先輩事務所長に言われたことがある。できるだけ情報を集めて必死に予測するのは当然だが、予測結果にはどうしても不確定性がともなう。悪い方に外れて夜中に避難ということになったら何が起きるかわからない、人災になってしまう。そういう可能性がある限りは地元の人が避難しようとするのを足止めすることになりかねない回答をすべきではない。以後は機会あるごとに後進にもそう伝えている。

避難は明るいうちに十分準備をして整然と行うのがよい。暗くて雨が降っていたりしたら混乱が生じやすいと思う。市町村も避難所を開設するのに、夜になってからでは職員の召集も簡単ではなく、資材なども暗い中で調達するのでは能率が悪いし、危険もともなう。

２００９年８月の豪雨で自主避難中に遭難したとされる佐用町本郷地区の人たちの場合も、夜間の避難だったのが無視しえない要因だったと考えられる。住宅から目指した小学校はすぐそばだし、毎日何度となく通った道だったはずだ。水路にかかった橋は水没して水が流れていたが、明るければその流速もわかって歩行をあきらめたかもしれない。

図1.19　佐用町本郷地区の遭難現場

図1.20　生け垣の状況

生け垣の痕跡から自動車の車輪の中程まで水が来ていたと推定される。柵は遭難後に設置されたもの。避難しようとした小学校が向かって左の道路奥に見えている。

第4章 洪水ハザードマップ

自分の街が
その時にどうなるか
知っておこう

洪水ハザードマップは、洪水予測の結果を地図に示したものと考えることができる。ただし、その洪水は目の前で起きている、起きそうな洪水ではなく、いつの日か、ある確率で起きると予想される洪水である。普通の洪水予測は、目の前で起きつつあるか、起きている洪水の今後を予測するというリアルタイムの予測であるのに対して、洪水ハザードマップは、いつ起きるかわからないが、ある規模の洪水が起きて、堤防が決壊して溢れたらどうなるかという予測をしている点が違っている。

4.1 ハザードマップを作るときの技術的な問題

ハザードマップの仮定

ハザードマップを作成するときにはいくつかの仮定を設けて作成する。

① 氾濫のモード

局所的な浸水によるものか、内水によるものか、あるいは大河川の堤防が決壊して氾濫することによるものかという原因によって被害の状況は違ってくる。それによってハザードマップを作成するのがよいと考えられるが、最も大きな被害をもたらすのは大河川（本川）の氾濫であるので、本川が氾濫した場合を想定してハザードマップを作る。これに対して、本川の氾濫はめったにないことなので関心が薄い、身近な内水氾濫で、何十年に一度か起きる程度のハザードマップがほしいという意見が出ることもある。

しかし、1枚の地図の上にそれら2種類の浸水状況を示すのは図面の作成という面からも難しいし、結果としてわかりにくい図面になってしまう。しかも大河川が氾濫すれば内水氾濫の大部分を覆ってしまうので、その土地の危険性を示すという目的からも大河川の堤防が決壊して氾濫する場合を想定してハザードマップが作成されている。

国土交通大臣が管理している河川区間（本川）については氾濫計算が行われているが、そこに合流する知事管理区間となっている河川（支川）について計算がされていないため、本川の堤防が決壊した場合だけのハザードマップが作成されることがある。その場合、本川と支川の合流点付近を除いて、支川の沿川は浸水の危険が存在しないように表示されるので、住民に十分注意し、地図にも明記しなければならない。

② 洪水の規模

洪水の規模と氾濫被害の関わりが深いことは明らかであるが、その関係は単純でない。たとえばその河川の計画高水流量を超過する大洪水が発生しても、堤防の上を乗り越えただけで決壊しなければ越流して氾濫する水量はずっと少ないし、浸水深も小さくてすむ。一方、計画高水流量に満たなくても、堤防が決壊することがあり、その場合にはもちろん大きな被害を生じる。

そこで実務としては、ある一定基準の規模の洪水が発生し、計画高水位で決壊したと想定して浸水状況を計算している。従来のハザードマップはその基準として着目している河川の計画高水流量規模の洪水をとっていた。

東日本大震災の津波で、そこまでは津波が及ばないとされていた区域の人が逃げ遅れて亡くなったことが指摘されたのを受けて、その河川で起こると考えられる最大規模の洪水を対象とすることに改められた。それはおおざっぱに言えば１０００年に1度くらいであろうとされている。

実際に計算してマップを作るには、その河川で起こると考えられる最大規模の洪水を推定しなければならないがそれは必ずしも容易でない。類似の例で、ダムの設計ではとりわけフィルタイプのダムの場合に堤体を越流するのが最大の危険なので、最大可能洪水を推定して放流施設などの大きさを決めているが、台湾の淡水河石門ダムでは竣工した2年後に最大可能洪水を上回る洪水が発生したという。最大可能洪水にさらに余裕を持たせて設計されていたので被害がなかったのは幸いであった。また、１０００年に1度の洪水というのもたかだか１００年の観測データから推定するのは困難で、２００年に1度の洪水でも困難である。鬼怒川の例では、２０１５年の洪水が起きる前まで基準点である石井の上流で１００年に1度の降雨量が2日間で３００ミリメートルと算定されていたが、２０１５年の洪水では５００ミリメートルの雨が降った。そのデータを入れて確率を算定しなおすと１００年に1度の雨は５００ミリメートル程度であるということになった。特に、大災害を起こすような洪水の確率を求めるのは不確定な要素が大きい。

一つの流域だけに着目すると大きな洪水はまれにしか起きないので解析の不確定性が大きいが、周辺で類似した流域のデータをまとめて解析すればより確かな解析ができると考えられるので、それらと比較することも有効である。たとえば、ある観測所である1年間に、1時間50ミリという降雨を観測することは極めて可能性が低いと考えられるが、日本全体で約１３００箇所あるアメダス観測所では毎年何カ所かでそのような雨を観測している。日本全体を一まとめにするのは無理があるとしても、特性が似ていると考えられる地域ごとにそのような確率を計算し、着目する地点でもそのような確率で豪雨が発生すると考えるわけである。

水管理・国土保全局ではそのような考え方を取りまとめて公表している*01。

③　堤防の決壊の有無

堤防の決壊の原因は、水位が高くなって堤防を乗り越え、それがある程度の時間続くことによって決壊するというのが一番多い。しかし、高い水位が長時間継続して堤防の中に水が浸透し、土の強度が弱くなって不安定になって、堤防を乗り越えないのに決壊することもある。このように、堤防が決壊するか、しないかは、あまりに多くの要素があって目の前で起きている洪水でも容易にわからない。せいぜ

*01　国土交通省 水管理・国土保全局「浸水想定（洪水、内水）の作成等のための想定最大外力の設定手法」、２０１５

い前兆をとらえて決壊を防ぐ水防をおこなうくらいである。ハザードマップは、計画高水位、あるいは危険水位を超えたら決壊するものとして氾濫を計算している。どのように決壊するか、事前にはわからないが、計画高水位に達した段階で決壊するという想定で計算しておけば氾濫が一番大きくなって、ハザードマップを作成するための計算として適当であるのでそのようにしている。決壊しはじめると決壊の幅が広くなり、深さ方向にもえぐれてゆくが、その状況も地盤と堤防の状況によって違いがある。結果として氾濫水の量や浸水深が違ってくる。過去の実績から幅とえぐれ深さを想定して計算するが、個々の氾濫によって違いが生じる。２０１５年の鬼怒川の決壊では堤防の基盤と高水敷に粘土層があったのでえぐれ深さが少なくて済んだと筆者は考えている。

④　氾濫計算

洪水の規模や堤防決壊の有無と程度など、事前にわからない要素はあるが、氾濫流の進行方向、流れの広がり、湛水区域などはおおむね地形で決まる。デジタル計算機で計算するので、結果は数表の形になるが、一般にあまりにも膨大であり、数字の羅列を見てもイメージが把握できない。そのため、氾濫流がどのように流れるか、アニメーションで示すのがわかりやすい。

東日本大震災の津波で、危険区域とされていなかったところに住んでいたために避難が遅れて亡くなった人が多いと反省されている。そのため、ハザードマップを信用してはいけないと短絡した理解もされるのであるが、危険区域とされていて津波が到達しなかったところは少ないのではないかと思われる。ハザードマップは、そこが危険であることを示すものであって、白地が安全な区域であることを示すものではないが、危険区域の外側にも危険が及びえることを認識しながら見れば、非常に有益な情報を与えるものである。

結果としてのハザードマップを見るときには、実際の氾濫ではもっと浸水範囲が広く、深さも深くなることがあり得ることを念頭に置くのがよい。（ただし、東日本大震災の反省から、確率的に発生しうる最大限の降雨量から出発して氾濫計算を行うことになったので、実際よりも大きくなるかもしれないという懸念はあまり必要がなくなったと考えられる。）

⑤　流れ型の浸水か、湛水型の浸水か

ハザードマップを見て、まず着目するのは自分の家などで最大水深がどのくらいになるか、ということであろう。このとき、どういうふうに浸水してその水深になっているのか、流れ型の浸水と湛水型の浸水とで浸水時間の長さが違ってくる。

流れ型の浸水とは、標高の高いところから流れてきた氾濫水が低いところに流れていく中に入って水につかるのをいう。流れ型の浸水の場合、氾濫水の流量に応じて水位が決まり、水位と地盤高との差が浸水深になる。氾濫流の水位は氾濫流の流量によって決まり、氾濫流の流量は河川の水位と氾濫流の水位の差によって決まる。行ったり来たりの計算をすることになるが、大きくは河川の水位と堤内の地盤高で決まることになる。（堤防の決壊がどのくらいの幅に及ぶか、ということも関係するが、ますます予測が難しいので一定の公式によっている。）流れ型の浸水の場合には、家屋などの構造物は大きい流れの力を受けるが、一般に継続時間は短い。

湛水型の浸水とは、上から流れてきた氾濫水が地形の高まりに阻まれて溜まる中につかるのをいう。湛水型の浸水では浸水深が大きくなりがちで、浸水の期間が長くなることが問題である。土地が平坦

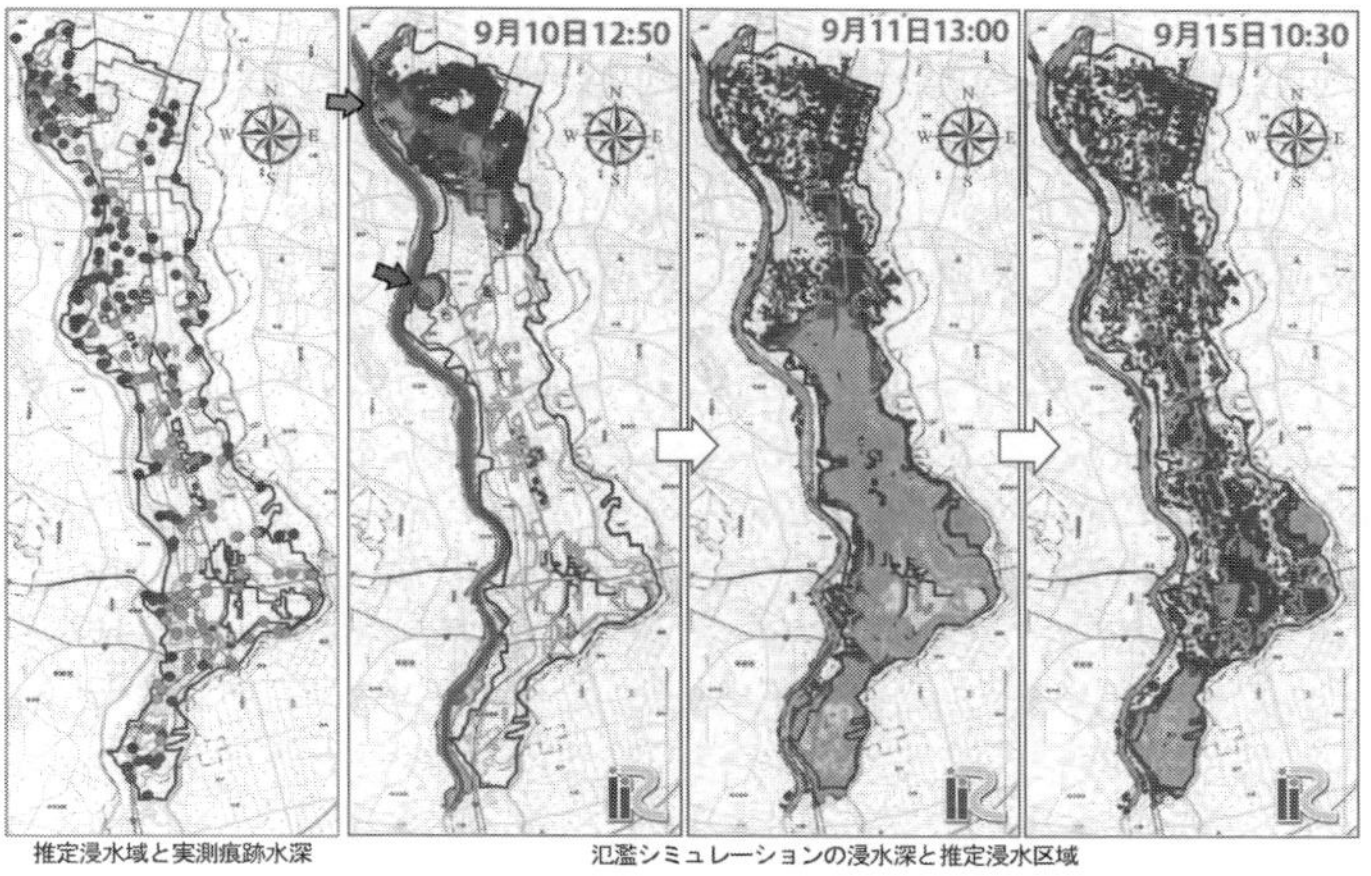

図4.1　鬼怒川氾濫シミュレーション結果　土木学会報告書から

で、さらにその下流に高台や堤防があって行き止まりになっていると、氾濫水がそこで停滞して長期間にわたって浸水が継続することになる。また、氾濫した水がそこに溜まるので浸水深が大きくなる。衛生状態も悪化して重大な被害となる。

２０１５年の鬼怒川の堤防決壊で、下妻市内や常総市の旧石下町の浸水は流れ型であった。流れ型の氾濫では、決壊地点からの流入がおさまれば復旧活動を始めることができる。また、浸水深は決壊地点の近くを除いてあまり大きくならない。

鬼怒川水害のときには、常総市役所周辺が湛水型氾濫であった。鬼怒川の水位が低下したので八間堀川水門を開放することができ、湛水した水は八間堀川から水門を通って鬼怒川に排水された。１９４７年のカスリーン台風の氾濫では、江東区での湛水が1箇月にも及んだ。

氾濫水が堤防で行き止まりになると、堤防を人為的に切り開いて排水することも行われた。

氾濫が流れ型か、湛水型かは、洪水ハザードマップを作成する準備として行われる氾濫計算の結果をアニメーションのようにして見るとよくわかる。

図4・1は、2015年の鬼怒川堤防決壊による氾濫を事後的にシミュレーションしたものである。無堤区間から越水した氾濫水と、堤防決壊で氾濫した水が流下して、南方の低地に湛水した状況が現れている＊02。

⑥　ハザードマップに表示される水深

ハザードマップには、ある規模の洪水が発生して堤防が決壊したらどれだけの浸水が起きるかを計算した結果が表示されている。もちろんある地点の浸水深さは、どの区間の堤防が決壊したかということで違ってくる。しかし、これを一枚の地図で表現するのは繁雑であろう。そこで、いろいろな決壊点について計算してみて、着目する地点の浸水深の最大値がどれだけになるかを調べ、その最大値を着目する地点の浸水深として表示していることが多い。

たとえば、ある川の右岸で河口から120キロメートルの場所で堤防が決壊したとすると、着目地点の水位が最高5・5メートルに達し、115キロだと同じく6・0、110キロだと5・0メートルとなった時、その地点の最高水位は6・0メートルであると決める。着目地点の標高が4メートルとすると、最高水位の値から標高を差し引いた2・0メートルをその地点の浸水深さとしてマップに表示する。実際には堤防に沿って1キロメートルとかそれ以下の間隔で決壊点を設定して多数の計算を行う。このよ

＊02　土木学会「平成27年9月関東・東北豪雨による関東地方災害調査報告書」、2016

うにして最大水深を求める手続きを、計算結果を包絡する、といっている。

どこで堤防が決壊するかによって浸水深や被害の状況が異なってくることは、氾濫計算の結果を動画として示す「動くハザードマップ」などビジュアルなメディアによれば理解しやすい。

⑦　ハザードマップに流速が表示されない理由

ハザードマップのもととなる洪水氾濫計算では、水位だけでなく氾濫流の流速も計算している。これをマップに表示すれば、水深が浅くても危険な場所を示すことができるという考えもある。しかし、氾濫は水だけが流れてくるのではない。

平常は澄んだ川の水でも、洪水時には濁る。これは土砂が混じって流れるからであるが、土砂だけでなく流木やゴミなども多く流れてくる。ゴミや枯れ草などが流れてきて排水機を詰まらせるので、排水機を運転するときには除塵機も動かさなければならない。H_2Oという水だけが流れてくる場合の抵抗は、計算に加えて過去の実験や実績でおおよそ求められるが、ゴミなどがからみついたときの抵抗はそれよりも大きくなる。

また、氾濫計算で計算される流速は、メッシュ全体の平均値に相当するもので、家屋などのまわりの流れはそれよりも速くなっている部分が必ずある。身近な例ではビル風といわれる、建物の近くで風の流れが乱れて強くなるのと同じである。そのため、計算で求められた流速を地図に表示するのは実際よりも安全だという誤った情報を与えることになる。単純に浸水深の深いところは危険であり、浅いところでも危険なことがあるのだと理解するのがよい。このような考えから、洪水ハザードマップには氾濫水の流速は表示されていないのが普通である。

4.2 地形からハザードを予見し、長期的な対応を考える

日本の平坦地は沖積地であり、沖積地というのは洪水の氾濫でできたということなので、おそらく平坦地はすべて洪水氾濫の危険があるということになると考えられる。地震は数十秒の震動で災害が起き、津波は早いときには数分、30分以内でも来襲するが、洪水は集水域の広さによるとしても広い平地一面が氾濫するまでには事前に経過を見ながら避難を検討する余裕があると思われる。

国が管理している河川の氾濫に対するハザードマップは整備されているが、知事が管理する河川のハザードマップはまだ数が少ない。そういう河川ではどうすればよいのかが問題になる。国管理河川のハザードマップを作成するときも、知事管理の支川との合流点では支川からの氾濫をどう考えるのかという議論がされるときがあったが、氾濫計算ができていないということで支川からの氾濫を考慮しないで作成されている例もある。本川の沿岸では本川からの氾濫の方が規模が大きいのが一般的なのであまり問題はないが、支川の沿岸では支川からの氾濫の方が重大で、そこが「白地」になっているのでは「安全だ」という誤ったメッセージを住民に伝えることになる。解決すべき問題である。

堤防がない場合の洪水ハザードマップの考え方はずっと簡単で、水位で氾濫区域が決まる。

２０１６年８月、高齢者グループホームが被害にあい９人が亡くなった岩手県岩泉町の小本川（おもとがわ）の場合には、川岸に少しの高まりがあるとしても低いもので、堤防が存在しないとして水理計算をしても大きな誤りはないであろう。

(1) 2016年8月岩手県岩泉町小本川の洪水

2016年に死亡を含む大きな被害を受けた小本川を例にとって谷底平野の危険度を考える。

小本川は岩手県が管理している河川であるが、流域面積は731平方キロメートルとかなり大きい。一級水系109のうち、小本川よりも流域面積の小さい水系が31もある。小本川には河川整備基本方針ができていて、「概ね50年に1回の降雨で発生する大洪水」を対象に、計画降雨量が2日間で246・1ミリメートル、基本高水のピーク流量が基準点赤鹿地点において毎秒3,000立方メートルとされているが、流域にはダムなどの洪水調節施設が計画されていない。多くの人が亡くなったグループホームの付近では水面幅が衛星写真等で測定して約25メートルしかなく、とてもこの洪水流量を流せる河道ではない。

近隣の例として、一級水系鳴瀬川の基準点三本木橋地点で、流域面積550・8平方キロメートルに対して基本高水のピーク流量は毎秒4,100立方メートル（以下、「トン」と略記）とされている。小本川の方が流域面積（集水面積）が大きいが、基本高水のピーク流量では小本川の方が小さい。

小本川にはダムなどの洪水調節施設が計画されていないので3,000トンの流量がそのまま流れてくる。基本高水のピーク流量がそのまま河道の計画高水流量となる。

一般に、河川の川幅は計画高水流量1,000トン当たり、100メートルとする例が多いようである。一級河川で第二次大戦前に骨格が定められた河川として、たとえば利根川の栗橋地点上流では5,570トン（毎秒20万立方尺を換算）の計画高水流量に対して540メートルを川幅の標準として整備された。その後現在の計画高水流量は17,500トンになっているが、川幅は1950年代に広

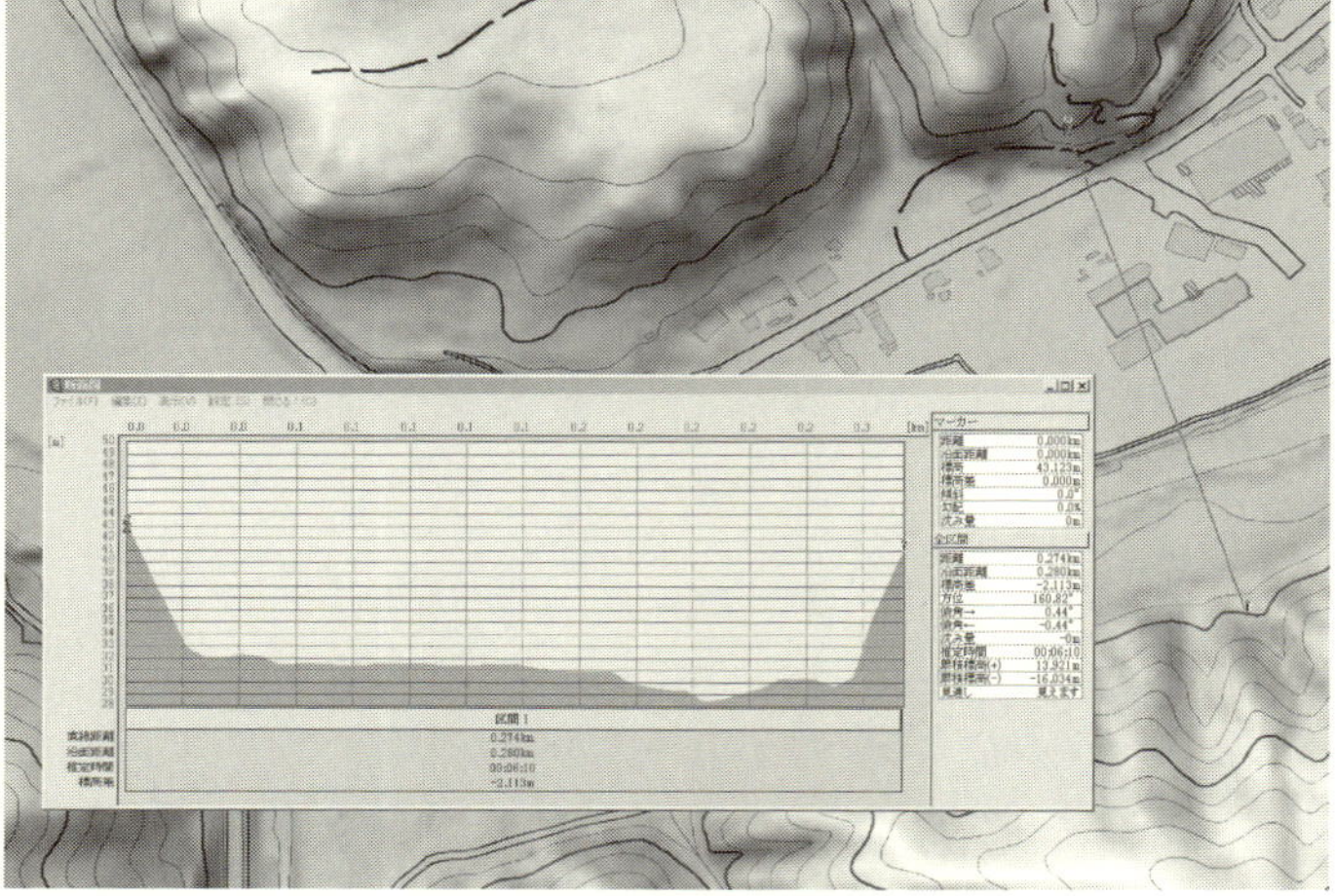

図4.2　小本川乙茂地先横断面図
国土地理院のメッシュ標高地図からカシミール３Ｄを用いて作図

げられて７００メートルになった。川幅１００メートル当たり２，５００トンとなっているが、これは世界でも有数の（必ずしも誇るべきではない）高い堤防を築くことでようやく達成されている値である。

川幅１００メートルに対して計画高水流量１，０００トンとするという粗い目安を当てはめると、小本川の一応妥当な川幅は３００メートルとなるが、これは両岸の山腹から山腹までの距離２４０メートルよりも大きくなってしまう。

川幅が２４０メートルの長方形断面とし、谷底平野の河川に沿った勾配を地理院のメッシュ標高地図からフリーソフトウェアのカシミール３Ｄを用いて測定した値約１／２６０を水面勾配とし、マニングの粗度係数を０・０３５として流量３，０００トンに対して概算すると、流速は毎秒３・９メートル、水位は34メートル程度と求められる。建物は平常の水面よりも２・５メートルほど高い、標高約31・５メートルの平地に建っているが、浸水は免れない。平均流速が毎秒4・9メートルに近いとは非常に大きな値であり、この流速で谷底平野の全面にわたって流れるのでは大きな被害をもたらすこととなる。

小本川の被災地の写真（防災システム研究所の報告http://www.bo-sai.co.jp/iwaizumisuigai.html）によれば、平屋建ての軒下まで浸水した状況であり、この試算も大きくは外れていない値を示していると考えられる。

地形図や衛星写真によると小本川には堤防らしい堤防が存在しないようであり、現地の報告もそのようである。もし、この沿川に堤防を築いて家屋を洪水から守るとすると高い堤防となって、土堤の場合は守るべき土地が堤防敷になってしまうし、強固な護岸を設けなければならない。コンクリート壁にすると親水性も景観も著しく損なわれるであろう。そうしたことから、当該地区には堤防の計画がなかったのではないかと推察される。

山間部では谷底の平地に住まざるをえないが、日本の谷底平野にはこのようなところが多い。国が管理している河川でも、由良川の下流などはそのような状況にある。洪水から生命を守るためには洪水予測によって早めの避難を心がけるほかないが、長期的にはそのようなところでの住まい方を考えるべきであろう。

（2）長期的な洪水対策

洪水ハザードマップは、短期的には避難のための情報であるが、長期的にはその場所での住まい方を考え、場合によってはその土地に住まないという選択も検討できるような情報を提供するのが目的の一

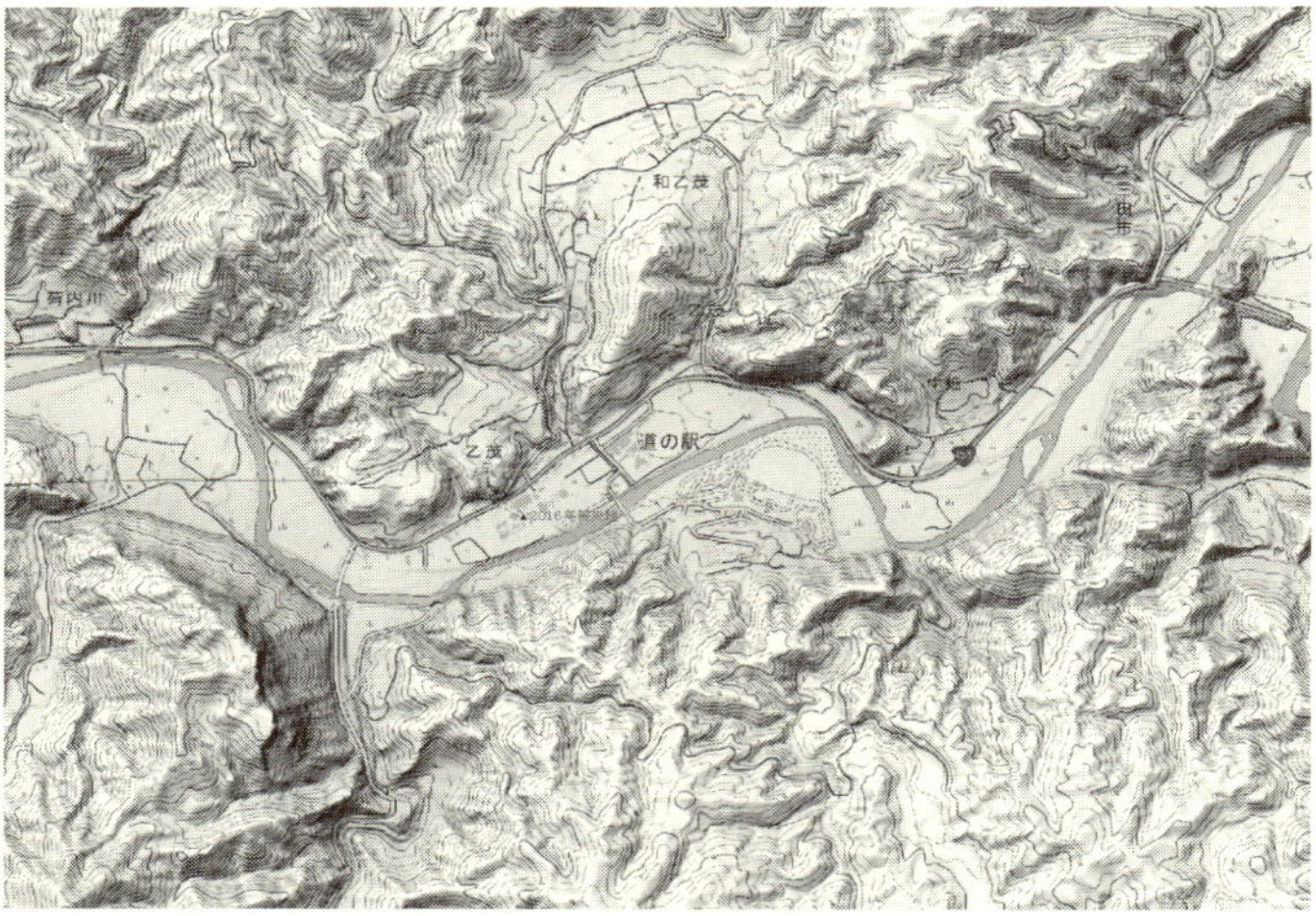

図4.3　2016年洪水で被災した岩泉町乙茂地区地形図
国土地理院のメッシュ標高地図をカシミール３Ｄで表示

つと考えている。

ハザードマップがまだ整備されていない河川の沿川では、まず地形を見ることが必要である。

小本川について見たように、山間の谷底平野ではハザードマップが作られていないと言うよりも、作る前から危険区域は明らかだという理由が多いのではないかと推察される。

(3) 国土地理院のメッシュ標高地図の活用

第1章で紹介したように、国土地理院は、「基盤地図情報標高数値モデル」としてメッシュの大きさが5メートル、10メートル、50メートル、２５０メートルで全国をカバーするメッシュ標高地図を作成して公開しており、その閲覧にはフリーソフトウェアのカシミール３Ｄを用いるのが便利である。カシミール３Ｄには「スーパー地形セット」（この機能は有料である）があって、メッシュ標高地図を容易にダウンロードでき、地形図と重ね合わせて地形を直感的に判断できる。小本川の例では、図4・3のように見える。メッシュ標高地図から、周辺に比べて低くなっているところは浸水の危険があるとわかる。

洪水ハザードマップをはじめとして、土地の水害の起こり方と対応を判断するための資料はすでに公開されている。そういう資料を活用して、いざという場合の行動を決め、準備しておくことが望ましい。

4.3 分家の災害から考える危険を認識した住まい方

「分家の災害」という言葉がある。災害が起きたとき、本家は被災しないのに分家は被災することが多いことをいう。これは、災害は弱者に重く加わるという、世界的に見られる事実の一例であると考えられる。

分家の災害は、１９６１年の伊那谷水害で、被災しているのはほとんど分家らしいとわかったことから知られるようになった。１９７２年の天草上島の土石流被害調査で宮村忠は、壊れた家、亡くなった人を戸籍簿までたどって分析して、被災しているのはほとんど分家だという結果を得て実証した。高橋裕（「川から見た国土論」２０１１）によれば、「山村の土石流では、本家まで被災するのが本当の天災でしょう。本家でも被災することはあります。ただし、一般的には被災比率は非常に違うということです。」という。

２０１７年７月の九州北部豪雨によって大きな被害を受けた福岡県朝倉市の赤谷川（あかたにがわ）

でも、そうではないかと思われる被災例が見られた。

本家はその土地にずっと古くから住んでいて、ときには災害にもあって、その後はより安全な土地に住まいを構えているということであろう。すると、古くから住居が立地している土地は、その周辺で相対的に最も安全だということになる。それは具体的にどこかということが旧版地形図に現れていると考えられる。江戸時代の後半には人口が現在よりも少なく、安定していたので、引き続く明治時代に測量された旧版地形図には江戸時代後期を通じて災害が少なかったところがどこであるかが示されているであろう。

小本川の旧版地形図によれば、建物は谷底平野の山際だけにあり、平地の大部分は荒れ地・草地になっている。やはりこういう土地が被害にあいやすいので、そこに建てる建築物は、時としてかなりの激流に洗われる土地であることを前提に、位置や構造を考えるべきことを示している。現に平屋建てのグループホームでは多数の人が亡くなったが、鉄筋コンクリート3階建ての老人ホームでは1階が大破したものの多くの人が2階以上に避難して助かった。

筆者は、日本の河川の洪水で鉄筋3階建ての建物が流失したという例を知らない。東日本大震災でも津波の中に入ってしまった鉄筋コンクリートの建物が多かったが、横転してしまうなど崩壊したのは例外であった。鉄筋コンクリートの重さが有効に働いていると考えられる。

消波ブロックも速い流れ、大きな波力に対抗するものは大きく、重くする。大きいこと、重いことがメリットになるものである。また、1階をピロティにしておけば、被害を少なくすると同時に水の流れを阻害することも少ないので望ましい。

コラム　ハザードマップの想定

東日本大震災が千年に一度クラスの自然現象である外力であるとされたことから、物理的に想定しうる最大の外力を想定することになった。これは大震災の後だからそのような論調が出てくるのではないかとも思われる。

ある河川の洪水ハザードマップを検討する委員会を傍聴していたとき、「こんな非現実的な想定で計画を作るとは何を考えているのだ」と憤然として反対する委員がいた。ところが次回の委員会を開くまでの間に名古屋の地下鉄浸水被害があったためか、次回の委員会ではそういう意見はぜんぜん出されなかった。

想定しうる最大の外力として1000年に1度の降雨で検討することになるが、それで「答え」がなくなる場合も考えておかなければなるまい。危険区域には赤や黄など着色するが、そういう表示がない「白地」になっているから安全だと思ってしまうのだ、白地を無くすれば危険を認識するようになるという考えがある一方、数十年の間に大きな洪水が起きなければ無視されるようになるかもしれない。

小本川の例を見ても、日本の平坦な土地はほぼ全域が危険区域に入り、傾斜のあるところは土砂災害の危険区域となるのではないかと思われる。浸水が起きる確率を表示して、100年に1度の確率でここまで水が来る、あるいは浸水深がこのくらいになるということを表示して、それに対応した土地利用や建物の建て方を利用者に考えてもらうのが良いのではないかと思う。ちなみに筆者の自宅は元荒川の沿川にあって、洪水ハザードマップによると湛水深が2.5メートルとなっているが、この浸水は荒川の堤防が熊谷周辺で決壊して、氾濫した水が江戸時代以前の流路である元荒川を流れ下ってくる場合にもたらされる。寝耳に水で浸水するわけではないので、台風が近づいたりすると荒川の水源山地での降雨状況に注意し、いざとなったら台地の上にある小学校に避難することにしている。さいわい、このところ40年近くは1センチも浸水していないが、１９４７年のカスリーン台風の時には荒川の氾濫水が元荒川を上流から流れてくる一方、利根川の氾濫水が反対側から近くまで来た実績があるので油断はできない。そのほか、元荒川自身の流域に豪雨が降るという被害モードがあるが、流域のあちこちに放水路などがあって複雑である。調べなければならないと考えている。

おわりに

洪水の予測では、集水域の中で雨が空間的・時間的にどのように降るかということが重要である。集水域（流域）ということについて、気象庁は従来全国4000河川について求めていた流域雨量指数を2017年7月からは約20000河川に拡大すると発表している。また、降雨の空間・時間分布については、従来型の気象・雨量レーダに加えて、近年はマルチパラメータレーダが配置されて観測後すみやかに高い空間・時間解像度の降雨情報が得られるようになり、新世代のＸＲＡＩＮの情報提供が2017年4月1日から始められるなど、技術的な進展が目覚ましい。これら情報によれば少なくとも生命だけは自ら守ることができると考えられ、本書がますます充実してくるこれら情報を活用するための基礎知識となれば幸いである。

最新の技術の現況が誤りなく、わかりやすく伝えられるよう、筆者が長年勤務した河川情報センターでレーダ情報など防災情報の提供の一線に立っているかつての同僚を中心に意見をいただいた。多忙な中、有村真二、氏家清彦、上米良秀行、栗城　稔、佐藤宏明、武中英好、寺川　陽、中安正晃、二階堂義則、福島博美、星畑國松、宮園隆弘（五十音順）の各氏には全文を読んで貴重な意見をいただいた。ここに名を掲げさせていただき、深く感謝します。それによって誤りはもちろん、読みやすさも大幅に向上させることができたと思います。さらに気象ブックス編集委員会の各位に査読意見をいただいていっそうの改善を図ることができました。

本書の写真はすべて著者が撮影したものである。図表については、本文中に注記したほか、レーダ画像は「川の防災情報」で公開されたものであるが、累加雨量図及び1982年7月長崎豪雨と1998年8月栃木・福島豪雨のデータは国土交通省から提供を受けて河川情報センターの保有するプログラムで図化・表示した。ここに記して謝意を表します。

最後に、前著に引き続いて担当された成山堂書店編集部の皆さんには、筆が進まない筆者を叱咤激励し、原稿を整理していただいたことにお礼を申し上げます。

中尾　忠彦

参考文献

本文脚注に示したほか、参考とした書籍・論文を掲げる。

はじめに

1） 山本晃一「沖積河川学」山海堂、1994年

第１章

1） 杉本智彦「カシミール３Ｄ　パーフェクトマスター編」実業之日本社、2003年
2） 郡司裕之「Google Earth で地球を旅するガイドブック」技術評論社、2006年
3） 皆川典久ら「東京スリバチ地形入門」イースト新書、2016
4） 藤田一郎・奥山貴也・小林健一郎「河川監視カメラを用いた都賀川出水時の水位および流速分布の画像解析による計測」神戸大学都市安全センター研究報告、2016年３月
5） 須賀堯三・上阪恒雄・吉田高樹・浜口憲一郎・陳志軒「水害時の安全避難行動（水中歩行）に関する検討」土木学会水工学論文集第39巻、1995年

第２章

1） 吉野文雄「レーダ水文学」、森北出版、2002年
2） Oguchi, T.: Electromagnetic wave propagation and scattering in rain and other hydrometors. Proc. of the IEEE, 71, No.9, 1983
3） Bringi, V.N. & V. Chandrasekar: Polarimetric Doppler Weather Radar, Cambridge, 2001
4） 深尾昌一郎・浜津享助「気象と大気のレーダーリモートセンシング改訂第２版」京都大学学術出版会、2009年
5） 小倉義光「一般気象学　第２版」、東京大学出版会、1999年
6） 情報通信研究機構・東芝・大阪大学「フェーズドアレイ気象レーダの研究開発」2012年気象庁観測部談話会資料、http://www ２.nict.go.jp/res/satoh/presen-slide/PhasedArray/PhasedArray_JMA20120606（Satoh).pdf
7） 木下武雄「レーダ雨量計について」土木技術資料、1965年
8） 座談会「国土交通省レーダ雨量計の開発経緯と今後の活用に向けて」河川2016年９月号、日本河川協会
9） 川口栄二「濁流」講談社、1985年

第３章

1） 安芸皎一・井口昌平・高橋裕「筑後川の洪水」生産研究第５巻12号、1953年
2） Bangladesh Flood Action Plan “Interim Report”, 1990
3） 深見親雄・青木智司「レーダ雨量を用いた分布型洪水予測システム」平成17年度河川情報シンポジウム講演集、2005年
4） 深見親雄・高橋直人「レーダ雨量計を用いた分布型洪水予測システム（続報）」平成18年度河川情報シンポジウム講演集、2006年
5） 鈴木俊朗・寺川陽・松浦達郎「実時間洪水予測のための分布型流出モデルの開発」土木技術資料第38巻第10号、1996年

第４章
１）　大矢雅彦「河川地理学」古今書院、1993年
２）　日本河川協会編「河川便覧　平成16年版」、2004年
３）ベン・ワイズナー著、渡辺正幸ら訳「防災原論」築地書館、2010年

索引

あ行

か行

さ行

た行

な行

は行

ま・ら・わ行

気象ブックスの刊行について

気象ブックスは、私達が日常接している大気現象を科学的に、わかりやすく解説したシリーズです。昔から気象は人間を取り巻くいろいろな分野に関係していますが、人口が増え社会が複雑になるにつれ、一段と大きく人間社会に影響するようになりました。

たとえば、成層圏オゾン量の減少は老化を促進する紫外線を増やし、毎年のように襲来する台風や集中豪雨は、人命と財産を奪います。エルニーニョ現象も一因にあげられる世界的な異常気象は、農業生産や流通業に大きく影響しています。最近は、人間活動が原因とされる地球温暖化や海面上昇が二一世紀の社会にあたえるさまざまな問題点が提起されています。

本シリーズは、これら社会の関心の高い現象を地球環境、学問、社会、文化的側面に分けて、各分野の専門家に執筆して頂きました。子供から大人まで気象に親しみを持つ多くの人達の知的好奇心をみたし、日ごろ抱いている疑問にも答えています。

気象予報士の受験者数は予想された以上に増えていることなど、気象への関心は強まる一方です。本シリーズは社会の要望に耳をかたむけ、手軽に読めるが内容のこい科学書を目指し、企画しました。気象界では前例のない一〇〇冊を㈱成山堂書店から出版いたします。

本企画について、多くの方々から忌憚のないご意見をお寄せ下さるよう願っています。

気象ブックス出版企画編集委員会

著者略歴

中尾　忠彦（なかお　ただひこ）

1945年富山市に生まれ、常願寺川の沿川で育つ。1969年東京大学大学院土木工学専門課程修士課程を修了、同年建設省に入り、利根川水系・淀川水系の事務所などに勤務。1996年に土木研究所河川部長を退職し、河川情報センターに勤務して現在に至る。この間、横浜国立大学（河川・水文学）、中央大学大学院（危機管理工学）で講義するほか、バングラデシュ洪水対策に関する国際専門家委員会、バングラデシュ・ジャムナ多目的橋梁に関する国際技術専門家委員会（河川制御）、国際標準化機構（ISO）第113技術委員会（開水路における流量測定）などに参加。

技術士（建設部門：河川、砂防及び海岸・海洋；総合技術監理部門）、「バングラデシュの治水計画に関する研究」で博士（工学）、土木学会フェロー・特別上級土木技術者（流域・都市）。著書に「気象ブックス040 河川工学の基礎と防災」2014年、共著書に「洪水予報」1976年、「長良川の水と生活」1990年などがある。

気象ブックス 043

レーダで洪水《こうずい》を予測《よそく》する

定価はカバーに表示してあります。

平成 29 年 10 月 28 日　初版発行

著　者　中　尾　忠　彦
発行者　小　川　典　子
印　刷　倉敷印刷株式会社
製　本　株式会社難波製本

発行所　株式会社　成山堂書店
〒 160-0012　東京都新宿区南元町 4 番 51　成山堂ビル
TEL：03（3357）5861　FAX：03（3357）5867
URL　http://www.seizando.co.jp
落丁・乱丁はお取り換えいたしますので、小社営業チーム宛にお送りください。

Printed in Japan　　ISBN 978-4-425-55421-8